高等职业教育机电类专业"十四五"规划教材

组态技术应用教程

谢 军◎主 编

单启兵 赵晓莹 蒋 玲◎副主编

程 周◎主 审

U0310051

中国铁道出版社有限公司
CHINA RAILWAY PUBLISHING HOUSE CO., LTD.

内 容 简 介

本书主要介绍工控组态软件 MCGS 在各种典型控制系统中的具体应用。首先介绍了 MCGS 嵌入版组态软件的安装过程和运行方式，并对 MCGS 软件系统的构成和各个组成部分的功能进行简要说明，以便学生对 MCGS 系统的组态过程有全面的了解和认识。其次通过几个典型的案例来学习 MCGS，包括工程的建立、数据对象的定义、工程画面的编辑、动画连接、模拟仿真运行和 PLC 通信连接。通过实例，详细展示了各种应用的设计、实施步骤及应用技巧。最后给出了 7 个实训，供学生进行课后训练。

本书适合作为高职院校机电一体化、电气自动化等相关专业的教材，也可作为相关专业工程技术人员的培训教材和参考用书。

图书在版编目（CIP）数据

组态技术应用教程/谢军主编. —2 版. —北京：
中国铁道出版社有限公司，2021.9
高等职业教育机电类专业"十四五"规划教材
ISBN 978-7-113-28212-7

Ⅰ.①组… Ⅱ.①谢… Ⅲ.①软件开发-高等职业
教育-教材 Ⅳ.①TP311.52

中国版本图书馆 CIP 数据核字(2021)第 151080 号

书　　名：**组态技术应用教程**
作　　者：谢　军

策　　划：祁　云		编辑部电话：（010）63549458
责任编辑：祁　云　彭立辉		
封面设计：刘　颖		
责任校对：孙　玫		
责任印制：樊启鹏		

出版发行：中国铁道出版社有限公司（100054，北京市西城区右安门西街 8 号）
网　　址：http://www.tdpress.com/51eds/
印　　刷：三河市兴博印务有限公司
版　　次：2012 年 7 月第 1 版　2021 年 9 月第 2 版　2021 年 9 月第 1 次印刷
开　　本：850 mm×1 168 mm 1/16　印张：13　字数：306 千
书　　号：ISBN 978-7-113-28212-7
定　　价：36.00 元

第二版前言

随着通信技术和网络技术的飞速发展,为工业自动化开辟了广阔的发展空间。传统制造业面临着数字化转型,基本设备的改建对工控组态软件的需求量非常大;另外,传统制造业的改建、之前体系的改良和扩大也都需要工控组态软件的支持。

信息的快速发展给组态软件市场增加了巨大推动力,随着经济进展程度的不断提高,信息化社会将带给组态软件很多的市场机遇。未来的传感器、数据收集装备、控制器的智能化水平也会逐渐提高,对于工控组态软件的发展提出了更多的要求。

作为自动化控制技术的重要组成部分——嵌入式组态技术,可使大量的工业控制设备或生产设备具有更多的自动化功能,是高技能型人才所必须掌握的基本要素。

本书将第一版采用的 MCGS 通用版更换为 MCGS 嵌入版,以 MCGS 嵌入版组态软件为例,对原有的项目案例进行升级更新,详细介绍了使用 MCGS 工控组态软件进行组态设计和调试的方法。本书不仅可以提高学生的学习兴趣和积极性,使学生真正掌握控制系统的组成、工作原理和调试方法,同时还可以提高学生的工程经验,为学生尽快适应工作岗位奠定坚实的基础,体现职业性、实践性和创新性。同时为了方便学习者在线学习,学习者可通过扫描书中的二维码观看演示视频。

本书绝大部分内容都是编者根据多年的实验、实训项目开发经验编写完成的。全书共分 7 章。第 1 章主要介绍 MCGS 组态软件系统的构成、运行方式,并对 MCGS 的安装过程和工作环境做简要介绍,逐步讲解如何在 MCGS 组态环境下构造一个用户应用系统的过程;第 2 章以抢答器控制系统为例,介绍抢答器的硬件电路设计、组态软件设计、模拟仿真调试,以及 MCGS 组态软件和三菱 FX2N 型 PLC 的通信调试;第 3 章和第 4 章分别对液体混合搅拌控制系统和交通灯监控系统的硬件电路设计、组态软件应用程序的开发过程,以及与欧姆龙 CPM2AH PLC 的通信连接做详细说明;第 5 章和第 6 章分别对 MCGS、触摸屏和西门子 S7-200 PLC 组成的自动线供料单元和分拣单元的硬件设计和软件编程进行详细讲解,并介绍模拟量的比例换算问题及变频器的简单调试;第 7 章介绍由 MCGS 组态软件实现的小球运动轨迹等 7 个案例。

本书为安徽省教育厅质量工程项目——省级规划教材（项目编号：2017ghjc315）。本书由安徽职业技术学院谢军任主编，安徽水利水电职业技术学院单启兵、安徽机电职业学院赵晓莹和芜湖职业技术学院蒋玲任副主编。具体编写分工：第1章、第3章、第4章由谢军编写，第5章和第6章由单启兵编写，第2章由赵晓莹编写，第7章由蒋玲编写。本书由谢军统稿，程周主审。

由于时间仓促，加之编者水平有限，疏漏和不妥之处在所难免，恳请广大读者提出宝贵意见和建议。

编　者

2021 年 4 月

第一版前言

随着信息社会的到来，组态技术作为自动化技术中极其重要的一个部分正突飞猛进地发展着。特别是近几年，组态新技术、新产品层出不穷，组态技术、触摸屏和PLC结合起来的应用形式已占据了主导地位。在组态技术快速发展的今天，作为从事自动化相关行业的技术人员，了解和掌握组态技术是必要的。

随着计算机信息技术和网络技术的飞速发展，为工业自动化开辟了广阔的发展空间。现代企业广泛使用的新技术、新工艺、新知识、新设备显然对从事维修工作高技能型人才的要求无论是从知识结构，还是从技术技能结构上都发生了变化。传统的企业培养经验型技师的模式已无法适应知识经济的需要，而传统的培养模式培养的学生也无法适应紧缺的、新技术技能含量较高的电气工作岗位的要求。

工业控制是计算机的一个重要应用领域，计算机控制正是为了适应这一领域的需要而发展起来的一门专业技术，利用计算机软件对工业生产过程进行控制是一个全新的控制方法，因此作为自动化控制技术的重要组成部分——组态技术，也是技师型人才所必须掌握的基本要素。

本书以北京昆仑通态自动化软件科技有限公司的 MCGS 组态软件通用版为例，通过几个典型控制系统，详细地介绍了使用 MCGS 组态软件进行组态设计和调试的方法。不仅可以提高学生的学习兴趣和积极性，使学生真正掌握控制系统的组成、工作原理和调试方法，同时还可以增加学生的工程经验，为学生尽快适应工作岗位奠定了坚实的基础。

本书是由参加编写的老师根据多年的实验、实训项目开发经验总结编撰而成的。全书共分为 7 章：第 1 章介绍了 MCGS 组态软件系统的构成、运行方式以及 MCGS 的安装过程和工作环境，并逐步说明了如何在 MCGS 组态环境下构造一个用户应用系统。第 2 章以抢答器控制系统为例，介绍了抢答器的硬件电路设计、组态软件设计、模拟仿真调试以及 MCGS 组态软件和三菱 FX2N 系列 PLC 的通信调试。第 3、4 章分别对液体混合搅拌控制系统和交通灯控制系统的硬件电路设计、组态软件应用程序的开发过程、与欧姆龙 CPM2AH 系列 PLC 的通信连接等做了详细说明。第 5、6 章分别对 MCGS、触摸屏、西门子 S7-200PLC 组成的自动线供料单元和分拣单元的硬件设计与软件编程进行了详细叙述，并介绍了模拟量的比例换算问题以及变频器的简单调试。

本书由安徽职业技术学院的谢军和安徽水利水电职业技术学院的单启兵担任主编。安徽机电职业技术学院的赵晓莹担任副主编。具体编写分工为：第 1、3 章、第 7 章由谢军编写，第 5、6 章由单启兵编写，第 2、4 章由赵晓莹编写。本书由谢军统稿定稿，由安徽职业技术学院的程周主审。在编写过程中，得到了武昌俊、曹光华、余丙荣、韩磊、汤德荣、崔伟、钟俊、朱文武、张莉、白金、邹兆喜、杨莉等人的大力协助，在此表示衷心的感谢。

由于时间仓促，编者水平有限，错误和疏漏之处在所难免，恳请广大读者提出宝贵意见和建议。

编　者

2012 年 3 月

目 录

第❶章 MCGS 嵌入版组态软件介绍

学习目标

● 了解 MCGS 嵌入版组态软件系统的构成和运行方式。

● 了解 MCGS 嵌入版组态软件操作平台的 5 个窗口。

● 能在 MCGS 嵌入版组态环境下构建用户应用系统。

1.1 MCGS 嵌入版组态软件入门

本章主要对 MCGS 嵌入版软件系统的构成、运行方式以及 MCGS 嵌入版的安装过程和工作环境做了简要介绍，同时逐步讲解了如何在 MCGSE 组态环境下构造一个用户应用系统的过程。

1.1.1 MCGS 嵌入版组态软件的概念

MCGS（Monitor and Control Generated System，通用监控系统）是一种用于快速构造和生成监控系统的组态软件。通过对现场数据的采集处理，以动画显示、报警处理、流程控制和报表输出等多种方式向用户提供解决实际工程问题的方案，在自动化领域有着广泛的应用。

1.1.2 MCGS 嵌入版软件的安装

嵌入版的组态环境与通用版基本一致，是专为 Microsoft Windows 系统设计的 32 位应用软件，可以运行于 Windows XP/7/10 等版本的操作系统中，其模拟环境也同样运行在 Windows XP/7/10 的操作系统中。

可以从昆仑通态公司官网（www.mcgs.com.cn）下载 MCGS 嵌入版 7.7 完整安装包，具体安装步骤如下：

① 启动 Windows。

② 解压压缩包后，双击 Setup.exe，弹出如图 1-1 所示对话框。

③ 单击"下一步"按钮，弹出 MCGSE 安装向导对话框，如图 1-2 所示。

④ 单击"下一步"按钮，安装程序将提示单击"浏览"按钮选择指定安装的目录。如果用户没有指定目录，系统默认安装到 D:\MCGSE 目录下，建议使用默认安装目录，如图 1-3 所示。

图 1-1　MCGSE 安装程序对话框

图 1-2　MCGSE 安装向导对话框

图 1-3　MCGSE 安装目录窗口

⑤ 安装过程将持续数分钟。安装完成后，系统将弹出"安装完成"对话框，其中有两种选择，重新启动计算机和稍后重新启动计算机，建议重新启动计算机后再运行组态软件。单击"结束"按钮，将结束安装。

⑥ 安装完成后，Windows 操作系统的桌面上添加了如图 1-4 所示的两个图标，分别用于启动 MCGS 嵌入版组态环境和模拟运行环境。

⑦ Windows 在开始菜单中也添加了相应的 MCGS 嵌入版组态软件程序组，此程序组包括五项内容：MCGSE 组态环境、MCGSE 模拟环境、MCGSE 自述文件、MCGSE 电子文档、卸载 MCGS 嵌入版。MCGSE 组态环境，是嵌入版的组态环境；

图 1-4　MCGSE 图标

MCGSE 模拟环境，是嵌入版的模拟运行环境；MCGSE 自述文件，描述了软件发行时的信息；MCGSE 电子文档，包含了有关 MCGS 嵌入版最新的帮助信息。

1.1.3　MCGS 嵌入版组态软件的体系结构

MCGS 嵌入版组态软件的体系结构包括组态环境、运行环境、模拟运行环境三部分。文件 McgsSetE.exe 对应于组态环境，文件 McgsCE.exe 对应于运行环境，文件 CEEMU.exe 对应于模拟运行环境。其中，组态环境和模拟运行环境安装在上位机中；运行环境安装在下位机中。组态环境是用户组态工程的平台。模拟运行环境可以在 PC 上模拟工程的运行情况，用户可以不必连接下位机，对工程进行检查。运行环境是下位机真正的运行环境。

运行环境是一个独立的运行系统，它按照组态工程中用户指定的方式进行各种处理，完成用户组态设计的目标和功能。运行环境本身没有任何意义，必须与组态工程一起作为一个整体，才能构成用户应用系统。一旦组态工作完成，就将组态好的工程通过串口或以太网下载到下位机的运行环境中，组态工程就可以离开组态环境而独立运行在下位机上，从而实现了控制系统的可靠性、实时性、确定性和安全性。

由 MCGS 嵌入版生成的用户应用系统，其结构由主控窗口、设备窗口、用户窗口、实时数据库和运行策略五部分构成，如图 1-5 所示。

图 1-5　MCGS 的五大组成部分

窗口是屏幕中的一块空间，是一个"容器"，直接提供给用户使用。在窗口内，用户可以放置不同的构件，创建图形对象并调整画面的布局，组态配置不同的参数以完成不同的功能。

在 MCGS 嵌入版中，每个应用系统只能有一个主控窗口和一个设备窗口，但可以有多个用户窗口和多个运行策略，实时数据库中也可以有多个数据对象。MCGS 嵌入版用主控窗口、设备窗口和用户窗口来构成一个应用系统的人机交互图形界面，组态配置各种不同类型和功能的对象或构件，同时可以对实时数据进行可视化处理。

① 实时数据库是 MCGS 嵌入版系统的核心。实时数据库是工程各个部分的数据交换与处理中心，它将 MCGS 工程的各个部分连接成有机的整体。在本窗口内定义不同类型和名称的变量，作为数据采集、处理、输出控制、动画连接及设备驱动的对象。

② 主控窗口构造了应用系统的主框架。主控窗口确定了工业控制中工程作业的总体轮廓，以及运行流程、特性参数和启动特性等内容，是应用系统的主框架。

③ 设备窗口是 MCGS 嵌入版系统与外围设备联系的媒介。设备窗口是连接和驱动外围设备的工作环境。在本窗口内配置数据采集与控制输出设备，注册设备驱动程序，定义连接与驱动设备用的数据变量。

④ 用户窗口实现了数据和流程的"可视化"。用户窗口主要用于设置工程中人机交互的界面，如生成各种动画显示画面、报警输出、数据与曲线图表等。

⑤ 运行策略是对系统运行流程实现有效控制的手段。本窗口主要完成工程运行流程的控制，包括编写控制程序（if ... then 脚本程序），选用各种功能构件，如数据提取、历史曲线、定时器、配方操作、多媒体输出等。

1.1.4 MCGS 软件的工作方式

1. MCGS 嵌入版如何与设备进行通信

MCGS 嵌入版通过设备驱动程序与外围设备进行数据交换，包括数据采集和发送设备指令。设备驱动程序中包含符合各种设备通信协议的处理程序，将设备运行状态的特征数据采集进来或发送出去。MCGS 嵌入版负责在运行环境中调用相应的设备驱动程序，将数据传送到工程中各个部分，完成整个系统的通信过程。每个驱动程序独占一个线程，达到互不干扰的目的。

2. MCGS 嵌入版如何产生动画效果

MCGS 嵌入版为每一种基本图形元素定义了不同的动画属性，如一个长方形的动画属性有可见度、大小变化、水平移动等，每一种动画属性都会产生一定的动画效果。所谓动画属性，实际上是反映图形大小、颜色、位置、可见度、闪烁性等状态的特征参数。然而，在组态环境中生成的画面都是静止的，如何在工程运行中产生动画效果呢？方法是：图形的每一种动画属性中都有一个"表达式"设置栏，在该栏中设置一个与图形状态相联系的数据变量，连接到实时数据库中，以此建立相应的对应关系。

3. MCGS 嵌入版如何实施远程多机监控

MCGS 嵌入版提供了一套完善的网络机制，可通过 TCP/IP、Modem 和串口将多台计算机连接在一起，构成分布式网络测控系统，实现网络间的实时数据同步、历史数据同步和网络事件的快速传递。

4. 如何对工程运行流程实施有效控制

MCGS 嵌入版开辟了专用的"运行策略"窗口，建立用户运行策略。MCGS 嵌入版提供了丰富的功能构件，供用户选用，通过构件配置和属性设置两项组态操作，生成各种功能模块（称为"用户策略"），使系统能够按照设置的顺序和条件，操作实时数据库，实现对动画窗口的任意切换，控制系统的运行流程和设备的工作状态。所有的操作均采用面向对象的直观方式，避免了烦琐的编程工作。

1.2 MCGS 嵌入版组态过程

使用 MCGS 完成一个实际的应用系统，首先必须在 MCGS 的组态环境下进行系统的组态生成工作，然后将系统放在 MCGS 的运行环境下运行。

1.2.1 工程的建立

MCGS 中用"工程"来表示组态生成的应用系统，创建一个新工程就是创建一个新的用户应用系统，打开工程就是打开一个已经存在的应用系统。工程文件的命名规则和 Windows 系统相同，MCGS 嵌入版自动给工程文件名加上扩展名".mce"。每个工程都对应一个组态结果数据库文件。

在 Windows 系统桌面上，通过以下 3 种方式中的任何一种，都可以进入 MCGS 组态环境：

① 双击 Windows 桌面上的"MCGSE 组态环境"图标。

② 选择"开始"→"程序"→"MCGS 嵌入版组态软件"→"MCGSE 组态环境"命令。

③ 按【Ctrl＋Alt＋E】组合键。

进入 MCGS 组态环境后，单击工具栏上的"新建"按钮，或选择"文件"→"新建工程"命令，系统自动创建一个名为"新建工程 X.MCE"的新工程（X 为数字，表示建立新工程的顺序，如 1、2、3 等）。由于尚未进行组态操作，新工程只是一个包含 5 个基本组成部分的结构框架，接下来要逐步在框架中配置不同的功能部件，构造完成特定任务的应用系统。

如图 1-6 所示，MCGS 嵌入版用"工作台"窗口来管理构成用户应用系统的 5 个部分，工作台上的 5 个选项卡：主控窗口、设备窗口、用户窗口、实时数据库和运行策略，对应于 5 个不同的窗口页面，每一个页面负责管理用户应用系统的一个部分，单击不同的选项卡可进入不同窗口，对应用系统的相应部分进行组态操作。

图 1-6 MCGS 工作台窗口

在保存新工程时，可以随意更换工程文件的名称。默认情况下，所有的工程文件都存放在 MCGS 嵌入版安装目录下的 Work 子目录里，用户也可以根据自身需要指定存放工程文件的目录。

1.2.2 建立实时数据库

实时数据库是 MCGS 嵌入版系统的核心，也是应用系统的数据处理中心，系统各部分均以实时数据库为数据公用区，进行数据交换、数据处理和实现数据的可视化处理。

1. 定义数据对象

数据对象是实时数据库的基本单元。在 MCGS 嵌入版生成应用系统时，应对实际工程问题进行简化和抽象化处理，将代表工程特征的所有物理量作为系统参数加以定义，定义中不只包含了数值类型，还包括参数的属性及其操作方法，这种把数值、属性和方法定义成一体的数据就称为数据对象。构造实时数据库的过程，就是定义数据对象的过程。在实际组态过程中，一般无法一次全部定义所需的数据对象，而是根据情况需要逐步增加。

MCGS 嵌入版中定义的数据对象的作用域是全局的，像通常意义的全局变量一样，数据对象的各个属性在整个运行过程中都保持有效，系统中的其他部分都能对实时数据库中的数据对象进行操作处理。

2. 数据对象属性设置

MCGS 嵌入版把数据对象的属性封装在对象内部，作为一个整体，由实时数据库统一管理。对象的属性包括基本属性、存盘属性和报警属性。基本属性则包含对象的名称、类型、初值、界限（最大最小）值、工程单位和对象内容注释等项内容。

（1）基本属性设置

单击"对象属性"按钮或双击对象名，显示"数据对象属性设置"对话框的"基本属性"页，用户可按所列项目分别进行设置。数据对象有开关型、数值型、字符型、事件型、组对象 5 种类型，在实际应用中，数字量的输入/输出对应于开关型数据对象；模拟量的输入/输出对应于数值型数据对象；字符型数据对象是记录文字信息的字符串；事件型数据对象用来表示某种特定事件的产生及相应时刻，如报警事件、开关量状态跳变事件；组对象用来表示一组特定数据对象的集合，以便于系统对该组数据统一进行处理。

（2）存盘属性设置

MCGS 嵌入版把数据的存盘处理作为一种属性或者一种操作方法，封装在数据内部，作为整体处理。运行过程中，实时数据库自动完成数据存盘工作，用户不必考虑这些数据如何存储以及存储在什么地方。用户的存盘要求在"存盘属性"页中设置，存盘方式有两种：按数值变化量存盘和定时存盘。组对象以定时的方式来保存相关的一组数据，而非组对象则按变化量来记录对象值的变化情况。

（3）报警属性设置

在 MCGS 嵌入版中，报警被作为数据对象的属性，封装在数据对象内部，由实时数据库统一处理，用户只需按照"报警属性"页中所列的项目进行设置，如数值量的报警界限值、开关量的报警状态等。运行时，由实时数据库自动判断有无报警信息产生、什么时候产生、什么时候结束、什么时候应答，并通知系统的其他部分。也可根据用户的需要，实时存储和打印这些报警信息。

1.2.3　组态用户窗口

MCGS 嵌入版以窗口为单位来组建应用系统的图形界面，创建用户窗口后，通过放置各种类型的图形对象，定义相应的属性，为用户提供美观、生动、具有多种风格和类型的动画画面。

1. 图形界面的生成

用户窗口本身是一个"容器"，用来放置各种图形对象（图元、图符和动画构件），不同的图形对象对应不同的功能。通过对用户窗口内多个图形对象的组态，生成漂亮的图形界面，为实现动画显示效果做准备。

生成图形界面的基本操作步骤如下：

① 创建用户窗口。

② 设置用户窗口属性。

③ 创建图形对象。

④ 编辑图形对象。

2. 创建用户窗口

选择组态环境工作台中的"用户窗口"选项卡，所有的用户窗口均位于该窗口中，如图 1-7 所示。

图 1-7　MCGS 嵌入版用户窗口

单击"新建窗口"按钮，或选择菜单栏中的"插入"→"用户窗口"命令，即可创建一个新的用户窗口，以图标形式显示，如"窗口 0"。开始时，新建的用户窗口只是一个空窗口，用户可以根据需要设置窗口的属性和在窗口内放置图形对象。

3. 设置用户窗口属性

右击待定义的用户窗口图标，在弹出的快捷菜单中选择"属性"命令，也可以单击工作台窗口中的"窗口属性"按钮，或者单击工具栏中的"显示属性"按钮 ，或者按【Alt+Enter】组合键，弹出"用户窗口属性设置"对话框，按所列款项设置有关属性。

用户窗口的属性包括基本属性、扩充属性和脚本控制（启动脚本、循环脚本、退出脚本），由用户选择设置。

窗口的基本属性包括窗口名称、窗口标题、窗口背景、窗口位置、窗口边界等项内容，其中窗口位置、窗口边界不可用。

窗口的扩充属性包括窗口的外观、位置坐标和视区大小等项内容。窗口的视区是指实际可用的区域，与屏幕上所见的区域可以不同，当选择视区大于可见区时，窗口侧边附加滚动条，操作滚动条可以浏览窗口内所有的图形对象。

脚本控制包括启动脚本、循环脚本和退出脚本。启动脚本在用户窗口打开执行脚本；循环脚本是在窗口打开期间以指定的间隔循环执行；退出脚本则是在用户窗口关闭时执行。

为了在工程的运行过程中能够方便灵活地改变用户窗口的属性和状态，设置了用户窗口的属性和方法，以备用户在实际组态过程中设置使用，如图 1-8 所示。这样在脚本程序中使用操作符 "**.**"，可以在脚本程序或使用表达式的地方，调用用户窗口对象相应的属性和方法，如图 1-9（a）所示。例如，窗口 0.OpenSubWnd 可以打开用户窗口 0 的子窗口；用户窗口.窗口 0.Open( )可以打开用户窗口 0，如图 1-9（b）、（c）所示。

图 1-8　用户窗口的属性和方法

（a）脚本程序

（b）打开子窗口

（c）打开用户窗口

图 1-9　用脚本程序分别打开子窗口和用户窗口

4．创建图形对象

MCGS 嵌入版提供了三类图形对象供用户选用，即图元对象、图符对象和动画构件。这些图形对象位于常用符号工具箱和动画工具箱内，用户从工具箱中选择所需要的图形对象，配置在用户窗口内，可以创建各种复杂的图形。

5．编辑图形对象

图形对象创建完成后，要对图形对象进行各种编辑工作，如改变图形的颜色和大小，调整图形的位置和排列形式，图形的旋转及组合分解等操作。MCGS 嵌入版提供了完善的编辑工具，使用户能快速制作各种复杂的图形界面，以图形方式精确表示外部物理对象。

6．定义动画连接

定义动画连接，实际上是将用户窗口内创建的图形对象与实时数据库中定义的数据对象建立对应连接关系，通过对图形对象在不同的数值区间内设置不同的状态属性（如颜色、大小、位置移动、可见度、闪烁效果等），用数据对象的值的变化来驱动图形对象的状态改变，使系统在运行过程中，产生形象逼真的动画效果。

因此，动画连接过程就归结为对图形对象的状态属性设置的过程。

7．图元图符对象连接

在 MCGS 嵌入版中，每个图元、图符对象都可以实现 11 种动画连接方式。可以利用这些图元、图符对象来制作实际工程所需的图形对象，然后再建立起与数据对象的对应关系，定义图形对象的一种或多种动画连接方式，实现特定的动画功能。这 11 种动画连接方式如下：

（1）颜色动画连接

颜色动画连接是指将图形对象的颜色属性与数据对象的值建立相关性关系，使图元、图符对象的颜色属性随数据对象值的变化而变化，用这种方式实现颜色不断变化的动画效果。图 1-10 所示为颜色动画测试窗口。

视频

用户窗口方法
打开窗口切换

图 1-10　颜色动画测试窗口

颜色属性包括填充颜色、边线颜色和字符颜色 3 种，只有"标签"图元对象才有字符颜色动画连接。对于"位图"图元对象，无须定义颜色动画连接。

（2）位置动画连接

位置动画连接包括图形对象的水平移动、垂直移动和大小变化 3 种属性，通过设置这 3 种属性使图形对象的位置和大小随数据对象值的变化而变化。用户只要控制数据对象值的大小和值的变化速度，就能精确地控制所对应图形对象的大小、位置及其变化速度，如图 1-11、图 1-12 所示。如果组态时没有对一个标签进行位置动画连接设置，可通过脚本函数在运行时来设置该构件。

图 1-11　大小变化动画窗口

视频

大小变化动画窗口

图 1-12　位置动画测试窗口

视频

位置动画测试

用户可以定义一种或多种动画连接，图形对象的最终动画效果是多种动画属性的合成效果。例如，同时定义水平移动和垂直移动两种动画连接，可以使图形对象沿着一条特定的曲线轨迹运动。假如再定义大小变化的动画连接，就可以使图形对象在做曲线运动的过程中同时改变其大小。

图形对象的大小变化是以百分比的形式来衡量的，把组态时图形对象的初始大小作为基准（100%即为图形对象的初始大小）。在 MCGS 嵌入版中，图形对象大小变化方式有 7 种。改变图形对象大小的方法有两种：一是按比例整体缩小或放大，称为缩放方式；二是按比例整体剪切，显示图形对象的一部分，称为剪切方式。两种方式都以图形对象的实际大小为基准。

（3）输入/输出连接

为使图形对象能够用于数据显示，并且使操作人员方便对系统进行操作，更好地实现人机交互功能，系统增加了设置输入/输出属性的动画连接方式。

设置输入/输出连接方式从显示输出、按钮输入和按钮动作三方面着手，实现动画连接，体现友好的人机交互方式。显示输出连接只用于"标签"图元对象，显示数据对象的数值；按钮输入连接用于输入数据对象的数值；按钮动作连接用于响应来自鼠标或键盘的操作，执行特定的功能。图 1-13、图 1-14 分别为按钮输入、动作测试窗口。

在设置属性时，在"动画组态属性设置"对话框内，从"输入/输出连接"栏目中选定一种，进入相应的属性窗口进行设置。

图 1-13　按钮输入测试窗口

图 1-14　按钮动作测试窗口

视频

输入输出连接测试

（4）特殊动画连接

在 MCGS 嵌入版中，特殊动画连接包括可见度和闪烁效果两种方式，用于实现图元、图符对象的可见与不可见交替变换和图形闪烁效果，图形的可见度变换也是闪烁动画的一种。MCGS 嵌入版中每一个图元、图符对象都可以定义特殊动画连接的方式。图 1-15 所示为特殊动画测试窗口，图 1-16 所示为风扇特殊动画窗口。

视频

特殊动画连接测试

图 1-15　特殊动画测试窗口

视频

风扇特殊动画

图 1-16　风扇特殊动画窗口

8. 动画构件连接

为了简化用户程序设计工作量，MCGS 嵌入版将工程控制与实时监测作业中常用的物理器件，如按钮、操作杆、显示仪表和曲线表盘等，制成独立的图形存储于图库中，供用户调用，这些能实现不同动画功能的图形称为动画构件。

在组态时，只需要建立动画构件与实时数据库中数据对象的对应关系，就能完成动画构件的连接，如对实时曲线构件，需要指明该构件运行时记录哪个数据对象的变化曲线；对报警显示构件，需要指明该构件运行时显示哪个数据对象的报警信息。

1.2.4 组态主控窗口

主控窗口是用户应用系统的主窗口，也是应用系统的主框架，展现工程的总体外观。主控窗口提供菜单命令，响应用户的操作。主控窗口负责调度设备窗口的工作、管理用户窗口的打开和关闭、驱动动画图形和调度用户策略的运行等工作。主控窗口组态包括菜单设计和主控窗口中系统属性的设置。

1. 系统菜单设计

对于一个新建的工程，MCGS 提供了一套默认菜单，用户也可以根据需要设计自己的菜单。双击主控窗口图标，弹出菜单组态窗口，输入各级菜单命令。可以利用窗口上端工具栏的有关按钮，进行菜单项的插入、删除、位置调整、设置分隔线、制作下拉式菜单等操作。

双击菜单项，显示"菜单属性"设置对话框，按所列款项设置该菜单项的属性。由于主控窗口的职责是调度与管理其他窗口，因此所建立的菜单命令可以完成如下 8 种工作：

① 执行指定的运行策略。

② 打开指定的用户窗口。

③ 关闭指定的用户窗口。

④ 隐藏指定的用户窗口。

⑤ 打印指定的用户窗口。

⑥ 退出运行系统。

⑦ 数据对象值操作。

⑧ 执行指定的脚本程序。

2. 主控窗口属性设置

选中"主控窗口"图标，单击"工作台"窗口中的"系统属性"按钮，或者单击工具栏中的"显示属性"按钮，或者选择"编辑"→"属性"命令，弹出"主控窗口属性设置"对话框。分为下列 5 种属性，按页设置。

① 基本属性：指明反映工程外观的显示要求，包括工程的名称（窗口标题）、系统启动时首页显示的画面（称为软件封面）。

② 启动属性：指定系统启动时自动打开的用户窗口（称为启动窗口）。

③ 内存属性：指定系统启动时自动装入内存的用户窗口。运行过程中，打开装入内存的用户窗口可提高画面的切换速度。

④ 系统参数：设置系统运行时的相关参数，主要是周期性运作项目的时间要求。例如，画面刷新的周期时间，图形闪烁的周期时间等。建议采用默认值，一般情况下不需要修改这些参数。

⑤ 存盘参数：该属性页中可以进行工程文件配置和特大数据存储设置，通常情况下，不必对此部分进行设置，保留默认值即可。

1.2.5　组态设备窗口

设备窗口是 MCGS 嵌入版系统与作为测控对象的外围设备建立联系的后台作业环境，负责驱动外围设备，控制外围设备的工作状态。系统通过设备与数据之间的通道，把外围设备的运行数据采集进来，送入实时数据库，供系统其他部分调用，并且把实时数据库中的数据输出到外围设备，实现对外围设备的操作与控制。

MCGS 嵌入版为用户提供了多种类型的"设备构件"，作为系统与外围设备进行联系的媒介。进入设备窗口，从设备构件工具箱里选择相应的构件，配置到窗口内，建立接口与通道的连接关系，设置相关的属性，即完成了设备窗口的组态工作。

运行时，应用系统自动装载设备窗口及其含有的设备构件，并在后台独立运行。对用户来说，设备窗口是不可见的。

在设备窗口内用户组态的基本操作如下：

① 选择构件。

② 设置属性。

③ 连接通道。

④ 调试设备。

1. 选择设备构件

在工作台的"设备窗口"选项卡中：双击设备窗口图标（或选中窗口图标，单击"设备组态"按钮），弹出设备组态窗口；单击工具栏中的"工具箱"按钮，弹出设备工具箱；双击设备工具箱里的设备构件，或选中设备构件，将鼠标移到设备窗口内单击，则可将其选到窗口内。

设备工具箱内包含 MCGS 嵌入版目前支持的所有硬件设备，对系统不支持的硬件设备，需要预先定制相应的设备构件，才能对其进行操作。MCGS 嵌入版将不断增加新的设备构件，以提供对更多硬件设备的支持。

2. 设置设备构件属性

选中设备构件，单击工具栏中的"属性"按钮 或选择"编辑"→"属性"命令，或者双击设备构件，弹出所选设备构件的"属性设置"对话框，进入"基本属性"窗口，按所列项目进行设置。

不同的设备构件有不同的属性，一般包括如下几项：设备名称、输入/输出、端口地址、数据采集周期。系统各部分对设备构件的操作是以设备名为基准的，因此各设备构件不能重名。与硬件相关的参数必须正确设置，否则系统不能正常工作。

3. 设备通道连接

把输入/输出设备读取数据和输出数据的通道称为设备通道，建立设备通道和实时数据库中数据对象的对应关系的过程称为通道连接。建立通道连接的目的是通过设备构件，确定采集进来的数据送入实时数据库的什么地方，或从实时数据库中什么地方取用数据。

在属性设置对话框内，选择"通道连接和设置"窗口，按页面中所列款项进行设置。

4. 设备调试

将设备调试作为设备窗口组态项目之一，便于用户及时检查组态操作的正确性，包括设备构件选用是否合理，通道连接及属性参数设置是否正确，这是保证整个系统正常工作的重要环节。

"设备构件属性设置"对话框内，专设"设备调试"窗口，以数据列表的形式显示各个通道数据测试结果。对于输出设备，还可以用对话方式，操作鼠标或键盘，控制通道的输出状态。

对于用户较常用的驱动构件，包括西门子 S7-200、三菱 FX 系列编程口、扩展 Omronhostlink 驱动，MCGS 嵌入版进行了如下优化设置：

当添加的子设备是父设备下的第一个子设备时，其父设备的参数会自动初始化为通信默认参数值。例如，添加一通用串口父设备，再为其添加子设备西门子 S7-200PLC 后，打开其父设备查看参数，为西门子 S7-200 的通信默认参数值：波特率 9 600 Bd，数据位 8，停止位 1，偶校验。图 1-17～图 1-19 所示为 MCGS 嵌入版与不同品牌 PLC 设备的连接案例。

视频

三菱 PLC 设备连接

图 1-17 MCGS 嵌入版与三菱 PLC 设备连接案例

视频

西门子 200PLC
设备连接

图 1-18 MCGS 嵌入版与西门子 S7-200 PLC 设备连接案例

视频

欧姆龙 PLC
设备连接

图 1-19　MCGS 嵌入版与欧姆龙 PLC 设备连接案例

1.2.6　组态运行策略

运行策略是指对监控系统运行流程进行控制的方法和条件，它能够对系统执行某项操作和实现某种功能进行有条件的约束。运行策略由多个复杂的功能模块组成，称为"策略块"，用来完成对系统运行流程的自由控制，使系统能按照设置的顺序和条件，实时操作数据库，控制用户窗口的打开、关闭，以及控制设备构件的工作状态等一系列工作，从而实现对系统工作过程的精确控制及有序的调度管理。

用户可以根据需要来创建和组态运行策略。

1. 创建运行策略

每建立一个新工程，系统都自动创建 3 个固定的策略块：启动策略、循环策略和退出策略，它们分别在启动时、运行过程中和退出前由系统自动调度运行。

在系统工作台"运行策略"选项卡中，单击"新建策略"按钮，可以创建所需的策略块，默认名称为"策略 X"（其中 X 为数字代码），如图 1-20 中的"策略 1"。

图 1-20　MCGS 运行策略

一个应用系统最多能创建 512 个策略块，策略块的名称在属性设置窗口中指定。策略名称是唯一的，系统其他部分按策略名称进行调用。

MCGS 嵌入版提供 6 种策略类型供用户选择，分别是用户策略、循环策略、报警策略、事件策略、热键策略和中断策略，其中除策略的启动方式各自不同之外，其功能本质上没有差别。用户策略自己并不启动，需要其他策略、按钮、菜单等调用。循环策略是按设置的循环时间自动循环运行。事件策略是等待某事件发生后启动运行，如图 1-21 所示。报警策略是当某个报警条件发生后启动运行。热键策略是响应某个热键按下时启动运行。中断策略是在用户设置的中断发生时，调用该策略以实现相应的操作。

图 1-21　MCGS 事件策略

视频

事件策略切换窗口

2. 设置策略属性

进入"运行策略"选项卡，选择某一策略块，单击"策略属性"按钮，或单击工具栏中的"显示属性"按钮 ，即可弹出"策略块属性设置"对话框，设置的项目主要是策略名称和策略内容注释。其中的"循环时间"一栏，是专为循环策略块设置循环时间用的。

3. 组态策略内容

无论是用户创建的策略块还是系统固有的 3 个策略块，创建时只是一个有名无实的空架子，要使其成为独立的实体，被系统其他部分调用，必须对其进行组态操作，指定策略块所要完成的功能。

每一个策略块都具有多项功能，每一项功能的实现，都以特定的条件为前提。MCGS 嵌入版把"条件－功能"结合成一体，构成策略块中的一行，称为策略行。策略块由多个策略行构成，多个策略行按照从上到下的顺序执行。策略块的组态操作包括：

① 创建策略行。

② 配置策略构件。

③ 设置策略构件属性。

双击指定的策略块图标，或单击策略块图标，再单击"策略组态"按钮，弹出"策略组态"窗口。组态操作在该窗口中进行，步骤如下：

① 创建策略行：组态操作的第一步是创建策略行，目的是先为策略块搭建结构框架。单击窗口上端工具栏中的"新增策略行"按钮，或右击工具栏，在弹出的快捷菜单中选择"新增策略行菜单"命令，或直接按【Ctrl+I】组合键，增加一个空的策略行。一个策略块中最多可创建 1 000 个策略行。

② 配置策略构件：每个策略行都由两种类型的构件串接而成，前端为条件构件，后端为策略构件。一个策略行中只能有一个策略构件。在 MCGS 嵌入版的"策略工具箱"中，为用户提供了多种常用的策略构件，用户从工具箱中选择所需的条件构件和策略构件，配置在策略行相应的位置。操作方法如：

单击工具栏中的"工具箱"按钮 ，打开"策略工具箱"；选中策略行的功能框（后端），双击工具箱中相应的策略构件；或者选中工具箱中的策略构件，单击策略行的功能框图，即可将所选的构件配置在该行的指定位置。

MCGS 嵌入版提供的策略构件如下：

- 策略调用构件：调用指定的用户策略。
- 数据对象构件：数据值读写、存盘和报警处理。
- 设备操作构件：执行指定的设备命令。
- 退出策略构件：用于中断并退出所在的运行策略块。
- 脚本程序构件：执行用户编制的脚本程序。
- 定时器构件：用于定时。
- 计数器构件：用于计数。
- 窗口操作构件：打开、关闭、隐藏和打印用户窗口。

③ 设置策略构件属性：双击策略构件；或者单击策略构件，再单击工具栏中的"属性按钮"，弹出该策略构件的属性设置对话框。不同的策略构件，属性设置的内容不同。

图 1-22 所示为 MCGS 循环策略例程。

视频

循环策略判断

最大值

图 1-22　MCGS 循环策略例程

1.3　MCGS 嵌入版安全机制

MCGS 嵌入版组态软件提供了一套完善的安全机制，用户能够自由组态控制按钮和退出系统的操作权限，只允许有操作权限的操作员才能对某些功能进行操作。MCGS 嵌入版还提供了工程密码功能，来保护使用 MCGS 嵌入版组态软件开发所得的成果，开发者可利用这些功能保护自己的合法权益。

MCGS 嵌入版系统的操作权限机制和 Windows 类似，采用用户组和用户的概念来进行操作权限的控制。在 MCGS 嵌入版中可以定义多个用户组，每个用户组中可以包含多个用户，同一个用户可以隶属于多个用户组。操作权限的分配是以用户组为单位来进行的，即某种功能的操作哪些用户组有权限，而某个用户能否对这项功能进行操作取决于该用户所在的用户组是否具备对应的操作权限。

MCGS 嵌入版系统按用户组来分配操作权限的机制，使用户能方便地建立各种多层次的安全机制。例如，实际应用中的安全机制一般要划分为操作员组、技术员组、负责人组。操作员组的成员一般只能进行简单的日常操作；技术员组负责工艺参数等功能的设置；负责人组能对重要的数据进行统计分析；各组的权限各自独立，但某用户可能因工作需要，能进行所有操作，则只需把该用户同时设为隶属于 3 个用户组即可。

在 MCGS 嵌入版中，操作权限的分配是对用户组来进行的，某个用户具有什么样的操作权限是由该用户所隶属的用户组来确定。MCGS 嵌入版的用户操作权限在运行时才体现出来。某个用户在进行操作之前首先要进行登录工作，登录成功后该用户才能进行所需的操作，完成操作后退出登录，使操作权限失效。用户登录、退出登录、运行时修改用户密码和用户管理等功能都需要在组态环境中进行一定的组态工作，在脚本程序使用 MCGS 嵌入版系统内部函数提供的用户登录操作函数可以完成上述工作。

例程 1 如图 1-23 和图 1-24 所示，要求如下：用户 1 为高权限，用户 2 为低权限，窗口 1 只有高权限才可以登录，窗口 2 只要密码输入正确就可以登录，即高低权限都可以登录，通过单击窗口 0 的相应按钮登录。

图 1-23　MCGS 用户权限用户窗口

视频

用户权限

图 1-24　用户权限窗口动画组态

例程 2 如图 1-25 和图 1-26 所示，要求如下：如果用户不登录，只可以看到"按钮 1"；如果以"用户等级 1"登录，可以看到"按钮 1"和"按钮 2"；如果以"用户等级 2"登录，可以看到所有按钮。

图 1-25　用户权限主画面窗口

视频

用户权限 1

图 1-26　用户权限窗口动画组态

1.4　MCGS 嵌入版动画构件

1.4.1　历史曲线

历史曲线构件实现了历史数据的曲线浏览功能。运行时，历史曲线构件能够根据需要画出相应历史数据的趋势效果图，对于历史数据的变化有一个很好的体现和描述，如图 1-27 所示。

视频

历史曲线

图 1-27　历史曲线模拟运行环境窗口

1.4.2　实时曲线

实时曲线构件是用曲线显示一个或多个数据对象数值的动画图形，像笔绘记录仪一样实时记录数据对象值的变化情况，如图 1-28 所示。实时曲线构件可以用绝对时间为横轴标度，此时，构件显示的是数据对象的值与时间的函数关系。实时曲线构件也可以使用相对时钟为横轴标度，此时，需要指定一个表达式来表示相对时钟，构件显示的是数据对象的值相对于此表达式值的函数关系。在相对时钟方式下，可以指定一个数据对象为横轴标度，从而实现记录一个数据对象相对另一个数据对象的变化曲线。

视频

实时曲线

图 1-28　实时曲线模拟运行环境窗口

1.4.3 报警显示

报警显示构件专用于实现 MCGS 嵌入版系统的报警信息管理、浏览和实时显示的功能。构件直接与 MCGS 嵌入版系统中的报警子系统相连接,将系统产生的报警事件显示给用户。

报警显示构件具有可见与不可见两种显示状态,当指定的可见度表达式被满足时,报警显示构件将呈现可见状态,否则,处于不可见状态。报警显示构件在可见的状态下,类似一个列表框,将系统产生的报警事件逐条显示出来。报警显示构件显示的报警信息包括报警开始、报警应答和报警结束等。图 1-29 所示为报警显示模拟运行环境窗口。

视频

报警显示

图 1-29　报警显示模拟运行环境窗口

1.4.4 报警条和报警浏览

报警条构件用于滚动显示报警注释信息,可关联单个数据对象与组对象,当报警对象栏留空时,显示所有对象的报警注释信息,可设置构件字体颜色及信息滚动速度等属性,如图 1-30 所示。

视频

报警条和报警
浏览构件

图 1-30　报警条和报警浏览构件模拟运行环境窗口

实时报警信息可以通过报警显示构件或者报警浏览构件来显示,这里以报警浏览构件为例对组态过程进行说明。组态时,在用户窗口中双击报警浏览构件可将其激活,进入该构件的属性设置对话框。基本属性页显示模式中，选择实时报警，可设置关联单个数据对象或组对象，此栏留空时，表示关联所有数据对象的报警信息，运行时，设置关联的数据的报警信息会显示在此构件。此页还可设置数据的滚动方向、基本显示等信息。

1.4.5　输入框和组合框

输入框构件用于接收用户从键盘输入的信息，通过合法性检查之后，将它转换适当的形式，赋予实时数据库中所连接的数据对象。输入框构件也可以作为数据输出的器件，显示所连接的数据对象的值。形象地说，输入框构件在用户窗口中提供了一个观察和修改实时数据库中数据对象值的窗口。

用户对系统的操作中往往会遇到大量数据选择的情况，在个人计算机领域，微软公司提供的一个下拉列表构件给用户提供了方便，而应用在工控机领域的 MCGS 嵌入版，组合框构件也因此而产生。MCGS 嵌入版的组合框构件包括 4 种类型（下拉组合框、列表组合框、策略组合框及窗口组合框），不同类型的组合框有不同的处理策略。例如：

① 下拉组合框：提供用户编辑和选择功能。

② 列表组合框：提供用户选择功能。

③ 策略组合框：提供用户选择执行策略。

④ 窗口组合框：提供用户打开用户窗口，快速显示用户窗口。

由于组合框构件的多样性，用户可以组合不同类型的组合框构件，完成大部分的手工输入工作，再结合组合框构件的属性和方法脚本，以及和实时数据对象的无缝连接，整个系统功能得到了增强。

图 1-31 所示为组合框和输入框构件模拟运行图。

图 1-31　组合框和输入框构件模拟运行

1.4.6　动画按钮

动画按钮构件是一种特殊的按钮构件，专用于实现类似多挡开关的效果。构件与实时数据库中的数据对象相连接，通过多幅图像、文字显示对应数据对象的值所处的范围、状态。构件也可以接收用户的按键输入，在规定的多个状态之间切换，也可以执行一定的操作来改变关联数据对象的值。数值操作的功能包括加、减、循环加、循环减、设置常数、兼容老版本操作。

① 加：每按下一次动画按钮构件，会加一次"递加值"的值到关联的设置变量，其结果应不超过上限值。"递加值"可通过输入或者微调的方式改变，不能小于 0。

② 减：每按下一次动画按钮构件时，关联的设置变量的值会减去一次"递减值"的值，其结果应不低于下限值。"递减值"可通过输入或者微调的方式改变，不能小于 0。

③ 循环加：每按下一次动画按钮构件，会加一次"递加值"的值到关联的设置变量。其结果达到上限值时，再从关联的设置变量的初始值重新开始递加。"递加值"可通过输入或者微调的方式改变，不能小于 0。

④ 循环减：每按下一次动画按钮构件，关联的设置变量的值会减去一次"递减值"的值。其结果达到下限值时，再从关联的设置变量的初始值重新开始递减。"递减值"可通过输入或者微调的方式改变，不能小于 0。

⑤ 设置常数：当按下一次动画按钮构件时，预设的常数会被赋予关联的设置变量。预设的常数可以通过输入或者微调的方式改变。

⑥ 兼容老版本操作：兼容此版本之前的动画按钮构件的操作。当按下一次动画按钮构件时，构件自动显示下一个分段点的状态。

图 1-32 所示为动画按钮构件递加、递减模拟运行图。

视频

动画按钮构件实现
递加递减功能

图 1-32　动画按钮构件递加、递减模拟运行

1.5　MCGS 嵌入版设备构件

1.5.1　系统变量

MCGS 嵌入版内部定义了一些数据对象，称为 MCGS 嵌入版系统变量。在进行组态时，可直接使用这些系统变量。为了和用户自定义的数据对象相区别，系统变量的名称一律以"$"符号开头。MCGS 嵌入版系统变量多数用于读取系统内部设置的参数，它们只有值的属性，没有最大值、最小值及报警属性。图 1-33 所示为实时时间显示模拟运行环境窗口。

视频

系统实时时间显示

图 1-33 实时时间显示模拟运行环境窗口

1.5.2 模拟设备

模拟设备是 MCGS 嵌入版软件根据设置的参数产生一组模拟曲线的数据（见图 1-34），以供用户调试工程使用。模拟设备构件可以产生标准的正弦波、方波、三角波、锯齿波信号，且其幅值和周期都可以任意设置。

视频

模拟设备跳变计数

图 1-34 模拟设备模拟运行环境窗口

1.6 MCGS 嵌入版内部函数

1.6.1 字符串操作函数

MCGS 嵌入版内部函数一共提供了!Mid(str, n, k)等 24 种字符串操作函数。

① !Mid(str,n,k)函数的意义：指从字符型数据对象 str 左边第 n 个字符起，取 k 个字符。当为数字字符时，从零开始算起。其中，返回值为字符型；参数 str 为字符型，源字符串；n 为数值型，起

始位置；k 为数值型，取字符数。

实例：!Mid("ABCDEFG",3,2) = "CD"。

图 1-35 所示为字符串 Mid()函数用户窗口。

图 1-35　字符串 Mid()函数用户窗口

② !StrComp(str1,str2)函数的意义：比较字符型数据对象 str1 和 str2 是否相等，返回值为 0 时表示相等，不相等时返回值为 1，不区分大小写字母。

实例：!StrComp("ABC","abc") = 0。

图 1-36 所示为字符串比较函数模拟运行环境。

图 1-36　字符串比较函数模拟运行环境

③ !Left(str,n)函数的意义：字符型数据对象 str 左边起，取 n 个字符，返回值为字符型。

实例：!Left("ABCDEFG",2)="AB"。

结合!Mid(str,n,k)函数可以实现字符高低位交换，拆分一个字符串，然后位置颠倒相加，从而达到高低位交换功能。图 1-37 所示为字符串高低位交换模拟运行环境。

字符串高低位交换

图 1-37　字符串高低位交换模拟运行环境

④ !Bin2I(s)函数的意义：把二进制字符串转换为数值。

实例：!Bin2I("101")=5。

⑤ !I2Bin(s)函数的意义：把数值转换为二进制字符串。

实例：!I2Bin(5) ="101"。

结合!Mid(str,n,k)函数可以实现数据拆位显示及控制。I2Bin()先把数值转换为二进制字符串，!mid（str,n,k）从字符型数据对象 str 左边第 n 个字符起，取 k 个字符，最后!Bin2I()再把二进制数据转化为数值；同时通过标准按钮数值操作按位操作执行对变量按位控制。图 1-38 所示为数据拆位显示及控制模拟运行环境。

数据拆位显示
及控制

图 1-38　数据拆位显示及控制模拟运行环境

1.6.2　定时器操作函数

可用的系统定时器范围为 1～127，即系统内嵌 127 个系统定时器，用户可以随意使用其中的任意一个。定时器返回时间值为数值型，单位为秒、分、时，但是小数位最多可以表示到毫秒。因为采用浮点数表示，随着数值增大会略有误差。

MCGS 嵌入版内部函数一共提供了 11 种，例如!TimerRun( )等定时器操作函数。

① !TimerRun(定时器号)函数意义：启动定时器开始工作。

实例：!TimerRun(1)，启动 1 号定时器工作。

② !TimerReset(定时器号,数值)函数意义：设置定时器的当前值，由第二个参数设置，第二个参数可以是 MCGS 嵌入版变量。

实例：!TimerReset(1,12)，设置 1 号定时器的值为 12。

③ !TimerValue(定时器号,0)函数意义：取定时器的当前值。函数返回值：将定时器的值以数值型的方式输出（数值格式）。

实例：Data3=!TimerValue(1,0)，取定时器 1 的值给 Data3。

图 1-39、图 1-40 所示为定时器操作函数应用实例。

视频

定时器函数

图 1-39　定时器操作函数用户窗口

图 1-40　定时器打开窗口例程

视频

定时器函数
打开窗口

1.6.3　系统操作函数

系统操作函数包括!WaitFor (Dat1,Dat2)等 18 种函数。!WaitFor (Dat1,Dat2)函数的意义：在脚本程序中等待设置的条件满足，脚本程序再向下执行。只能在策略中使用，否则造成系统响应缓慢。其中返回值为数值型，返回值=0 表示调用成功；返回值不等于 0 表示调用失败。参数 Dat1 为条件表达式，例如 Dat1=15；参数 Dat2 为数值型，表示等待条件满足的超时时间，单位为 ms。当 Dat2 为 0 时，则无限等待。

实例：!WaitFor(D=15,12000)，表示当变量 D 的值等于 15 后，程序再继续执行，如果在 12 秒后条件仍然没有满足，也自动继续执行。此函数通常用于做实验时，等待某个条件满足，然后再接着执行实验流程。它与 Sleep()函数以及 While 循环语句、其他循环策略配合，能够实现复杂的流程调度。图 1-41 所示为 WaitFor()函数实现画面切换效果。

注意：!WaitFor()函数只能用于策略中，而不能直接在窗口控件的脚本程序中使用。

视频

画面自动切换
Waitfor 函数

图 1-41　WaitFor()函数实现画面切换

1.6.4　运行环境操作函数

运行环境操作函数包括!SetCurrentLanguageIndex (开关型)等 25 种函数。

① !SetCurrentLanguageIndex (开关型)函数的意义：指通过索引项设置当前语言环境，如图 1-42 所示。其中，参数为开关型数据对象，表示语言索引值。如果索引参数值超出当前选择语言范围，则函数不生效。

实例：!SetCurrentLanguageIndex(1)，表示设置当前语言为英文（选择语言为 CH，EN）。

② !CloseAllSubWnd()函数的意义：关闭窗口中的所有子窗口。

实例：!CloseAllSubWnd()，关闭当前窗口的所有子窗口。

图 1-43 所示为关闭子窗口操作函数用户窗口。

③ !OpenSubWnd（参数 1,参数 2,参数 3,参数 4,参数 5,参数 6）函数的意义：显示子窗口。

其中，参数 1，要打开的子窗口名；参数 2，整型，打开子窗口相对于本窗口的 X 坐标；参数 3，整型，打开子窗口相对于本窗口的 Y 坐标；参数 4，整型，打开子窗口的宽度；参数 5，整型，打开子窗口的高度；参数 6，整型，打开子窗口的类型。

图 1-42　设置当前语言环境操作函数用户窗口

视频

设定当前语言
环境操作函数

图 1-43　关闭子窗口操作函数用户窗口

视频

子窗口函数应用
按钮弹出

1.6.5　用户登录操作函数

用户登录操作函数包括!logon()等 9 种函数。

① !LogOn()函数的意义：弹出登录对话框。

实例：!LogOn()。

② !GetCurrentUser()函数的意义：读取当前登录用户的用户名。

返回值：字符型，当前登录用户的用户名，若没有登录，则返回空。

实例：!GetCurrentUser()。

图 1-44 所示为用户登录操作函数用户窗口。

视频

用户登录操作函数

图 1-44　用户登录操作函数用户窗口

1.6.6　数学函数

数学函数包含有!BitTest(x,y)等 19 个函数。其中，!BitTest(x,y)函数的意义是指检测 x 对应二进制的指定位，位置从 x 二进制的第 y 位开始计算，函数返回值为开关型。

实例：!BitTest(9,3) = 1。

图 1-45 所示为位测试函数模拟运行环境。

视频

位测试数学函数

图 1-45　位测试函数模拟运行环境

小　结

本章介绍了 MCGS 嵌入版组态软件的安装过程和运行方式，并对软件系统的构成和各个组成部分的功能进行了详细讲解，以便对 MCGS 系统的组态过程有全面的了解和认识。

第②章　抢答器监控系统

● 熟悉用 MCGS 软件建立抢答器监控系统的整个过程。

● 掌握简单界面设计、完成动画连接及脚本程序编写。

● 学会用 MCGS 软件、PLC 联合调试抢答器监控系统。

2.1　控制要求与方案设计

当今社会，各种各样的竞赛活动丰富多彩，例如，中小学校的智力竞赛、大专院校的辩论比赛、电视中的娱乐节目等。这些竞赛活动通常都设置了抢答环节，在这一环节中抢答器是必不可少的组成部分，因此，根据不同的需要，合理地设计抢答器显得尤为重要。

抢答器在日常生活中有着较为广泛的应用，它适用于很多类型和不同规模的比赛，所以设计抢答器系统具有一定的实用价值。

2.1.1　控制要求

某五路抢答器控制系统，1 个儿童组有 2 人 X1、X2，1 个大人组有 2 人 X3、X4，3 个学生组有 3 人 X5、X6、X7。1 个报警灯 Y0，5 组选手分别有 5 个桌灯 Y1、Y2、Y3、Y4、Y5，5 个记分牌，1 个电铃 Y6，1 个显示当前答题组号码的显示牌，要求用 MCGS 组态软件和 PLC 进行整体设计。

本系统要求实现以下控制要求：

① 五路抢答器、1 个儿童组、1 个大人组、3 个学生组。其中，儿童组有 2 个按钮 X1、X2，无论按哪只都算成功抢答；大人组也有 2 个按钮 X3、X4，必须都按下才算成功抢答；3 个学生组每组都只有 1 个按钮，按下就成功抢答。只要有 1 组成功抢答，则其他组抢答无效。

② 主持人打开比赛开关 X14，抢答器开始工作，每组选手的初始分为 50 分。当主持人说完题目并按下"抢答开始"按钮 X10 才可以抢答，若提前抢答则犯规，报警灯 Y0 亮，抢答选手的桌灯亮，并且显示该组的号码。

③ 当主持人宣布抢答开始后 10 秒之内若有人抢答，则该组的桌灯亮，电铃 Y6 响 2 秒，并且显示该组的号码，该组有 15 秒的时间作答，答对加 10 分，答错减 10 分，若超过 15 秒仍未答完，则报警灯 Y0 亮，本轮抢答无效。

④ 主持人宣布抢答开始后，若 10 秒之内无人抢答，则报警灯 Y0 亮，本轮抢答无效，选手无法再抢答。

⑤ 每轮抢答后可以利用 X0 复位。

2.1.2　方案设计

　　整个设计的下位机采用 PLC 控制，它比数字电路控制和单片机控制更加稳定和易于修改，上位机采用 MCGS6.2 组态软件通用版进行设计，具有很好的通用性。该设计完成的主要内容是：硬件电路的设计和 PLC 程序的编写及调试；组态监控界面的设计；上位机和下位机的连接调试。通过在实验室的连接和调试，证明了设计方案的可行性。

2.2　抢答器系统硬件电路设计

2.2.1　系统硬件设计

　　根据抢答器监控系统的设计要求，硬件设计如下：
　　① 主持人控制区有 1 个开关和 4 个按钮，分别为比赛开关、抢答开始按钮、加分按钮、减分按钮、复位按钮。
　　② 选手控制区有 7 个按钮，分别为儿童 1 按钮、儿童 2 按钮、大人 1 按钮、大人 2 按钮、学生 1 按钮、学生 2 按钮、学生 3 按钮。
　　③ 显示部分。
　　● 一个电铃。
　　● 一个报警灯。
　　● 一个用来显示当前答题组号码的 LED 显示器。
　　● 每组选手桌上各有一盏桌灯。
　　● 每组选手桌前各有一组 LED 显示记分牌，基本分为 50 分。
　　所以，硬件设计应有 12 个输入点，50 个输出点，由于实验室环境中 PLC 一般都是小型 PLC，输入/输出点数不多，因此本设计只做 1 组记分牌，其余 4 组同理。这样本设计就有 12 个输入、22 个输出。

2.2.2　PLC 的选择

　　在本控制系统中，所需的开关量输入为 12 点，输出为 22 点，选择模块式 PLC，因为一旦某模块发生故障，用户可以通过更换模块的方法，使系统迅速恢复运行。在众多小型 PLC 中，日本三菱公司生产的 FX2N 系列 PLC 功能强大，应用广泛，非常适合本次 PLC 系统的设计，因此选用三菱 FX2N 系列 PLC 作控制单元来控制整个系统，如图 2-1 所示。

图 2-1　FX2N-48MR PLC

2.2.3　PLC I/O 分配表的设计

I/O 地址分配如表 2-1 所示。

表 2-1　抢答器系统输入/输出地址分配

输入点地址	功　能	输出点地址	功　能
X0	复位按钮	Y0	报警灯
X1	儿童按钮 1	Y1	儿童组桌灯
X2	儿童按钮 2	Y2	大人组桌灯
X3	大人按钮 1	Y3	学生 1 桌灯
X4	大人按钮 2	Y4	学生 2 桌灯
X5	学生按钮 1	Y5	学生 3 桌灯
X6	学生按钮 2	Y6	电铃
X7	学生按钮 3	Y7～Y15	记分牌十位
X10	抢答开始按钮	Y16	记分牌个位
X11	加分按钮	Y17～Y25	当前组号显示牌
X12	减分按钮		
X14	比赛开关		

其中，X0～X7、X10～X12 都是按钮，只有 X14 是开关。

数字的显示需要用 LED 来实现，通常所说的 LED 显示器是由 7 个发光二极管组成，因此也称为七段 LED 显示器。LED 显示器中的发光二极管有两种连接方法：共阳极接法和共阴极接法。由于 PLC 输出的是高电平，所以本例中采用共阴极接法。一般 LED 显示器的电源为+5 V，但是 PLC 的电源为+24 V，本例中使用的 LED 显示器的设计是每个段码由 5 个发光二极管串联后外接限流电阻组成。其中 A 段的结构如图 2-2 所示。

图 2-2　LED 显示器的 A 段数码段内部结构

2.2.4　PLC 外部接线图的设计

PLC 外部接线图如图 2-3 所示。

图 2-3　抢答器系统外部接线图

2.2.5　抢答器 PLC 程序的编写

本程序用 SWOPC-FXGP/WIN-C 编程软件编写，编好程序后可以与可编程控制器进行通信。程序见图 2-32。

2.3　抢答器系统组态软件设计

抢答器组态监控工程主要的要求是对抢答器系统下位机的输出数据进行实时采集，从而实现监控。设计过程包括监控画面的编辑、数据对象的定义、脚本程序的编写，以及进行系统的模拟仿真运行和调试。

2.3.1　创建工程

可以按以下步骤建立工程：

① 双击桌面上的 MCGS 组态环境图标，进入组态环境，出现如图 2-4 所示界面，屏幕中间窗口为工作台。

图 2-4　MCGS 组态环境

② 选择"文件"→"新建工程"命令，如果 MCGS 安装在 D 盘根目录下，则会在 D:\MCGS\WORK\ 下自动生成新建工程，默认的工程名为"新建工程 X.MCG"（X 表示新建工程的顺序号，如 0、1、2 等）。

③ 选择"文件"→"工程另存为"命令，弹出"另存为"对话框，如图 2-5 所示。

④ 在"文件名"文本框中输入"抢答器监控系统"，单击"保存"按钮，工程创建完毕。

图 2-5　输入工程名

2.3.2　定义数据对象

1. 分配数据对象

实时数据库是 MCGS 工程的数据交换和数据处理中心。数据对象是构成实时数据库的基本单元，建立实时数据库的过程也就是定义数据对象的过程。

分配数据对象即定义数据对象前需要对系统进行分析，确定需要的数据对象。本系统数据对象分配表如表 2-2 所示。

表 2-2　数据对象分配表

对 象 名 称	类 型	注 释
比赛开关	开关型	控制比赛开始和停止的开关
报警灯	开关型	显示违规或延时的报警信号
电铃	开关型	抢答成功的声音信号
儿童桌灯	开关型	儿童组的桌灯
大人桌灯	开关型	大人组的桌灯
学生 1 桌灯	开关型	学生 1 的桌灯
学生 2 桌灯	开关型	学生 2 的桌灯
学生 3 桌灯	开关型	学生 3 的桌灯
当前组号显示牌 a	开关型	当前组号显示牌 a
当前组号显示牌 b	开关型	当前组号显示牌 b
当前组号显示牌 c	开关型	当前组号显示牌 c
当前组号显示牌 d	开关型	当前组号显示牌 d
当前组号显示牌 e	开关型	当前组号显示牌 e
当前组号显示牌 f	开关型	当前组号显示牌 f
当前组号显示牌 g	开关型	当前组号显示牌 g
记分牌十位 a	开关型	记分牌十位 a
记分牌十位 b	开关型	记分牌十位 b
记分牌十位 c	开关型	记分牌十位 c
记分牌十位 d	开关型	记分牌十位 d
记分牌十位 e	开关型	记分牌十位 e
记分牌十位 f	开关型	记分牌十位 f
记分牌十位 g	开关型	记分牌十位 g
记分牌个位	开关型	记分牌个位

2. 定义数据对象步骤

① 单击工作台中的"实时数据库"选项卡，进入实时数据库窗口，其中列出了已有系统内部建立数据对象的名称，如图 2-6 所示。

② 单击工作台右侧的"新增对象"按钮，在窗口的数据对象列表中，增加新的数据对象，系统默认定义的名称为 Data1、Data2、Data3 等（多次单击该按钮，则可增加多个数据对象），如图 2-7 所示。

图 2-6　实时数据库

图 2-7　新增数据对象

③ 选中对象，单击右侧的"对象属性"按钮，或双击选中的对象，打开"数据对象属性设置"对话框，如图 2-8 所示。

图 2-8　"数据对象属性设置"对话框

④ 将对象名称改为"比赛开关"，对象类型选择"开关"，在"对象内容注释"文本框内输入"控制比赛开始和停止的开关"，单击"确认"按钮。

按照上述步骤,根据表 2-2,设置其他数据对象。

2.3.3 制作工程画面

1. 建立画面

① 在"用户窗口"中单击"新建窗口"按钮,建立"窗口 0",如图 2-9 所示。

图 2-9　新建用户窗口

② 选中"窗口 0",单击"窗口属性"按钮,弹出"用户窗口属性设置"对话框,如图 2-10 所示。

图 2-10　设置用户窗口的属性

③ 将"基本属性"页的窗口名称改为"抢答器系统",窗口标题改为"抢答器系统",窗口位置选中"任意摆放",其他不变,单击"确认"按钮。设置后的用户窗口如图 2-11 所示。

图 2-11　设置后的用户窗口

④ 在"用户窗口"中，"窗口 0"图标已变为"抢答器系统"，如图 2-11 所示。选中"抢答器系统"，右击，在弹出的下拉菜单中选择"设置为启动窗口"命令，将该窗口设置为运行时自动加载的窗口，则当 MCGS 运行时，将自动加载该窗口。

⑤ 单击"保存"按钮。

2. 编辑画面

MCGS 提供了基本的绘图工具，如画直线、画矩形等，同时也提供了元件库，用于提供较复杂但常用的元件图形，如电磁阀、指示灯等。编辑画面就是利用这些工具，对它所提供的这些图形对象（直线、矩形、元件等）进行组态而已。

（1）进入编辑画面环境

① 在"用户窗口"中，选中"抢答器系统"图标，单击右侧的"动画组态"按钮，进入动画组态窗口，如图 2-12 所示，开始编辑画面。

② 单击工具栏中的"工具箱"按钮，打开绘图工具箱，如图 2-13 所示。

图 2-12　编辑画面环境

图 2-13　绘图工具箱

（2）制作文字框图

① 单击"工具箱"中的"标签"按钮 **A**，鼠标的光标呈"十字"形，在窗口顶端中心位置拖动鼠标，根据需要拉出一个一定大小的矩形。

② 在光标闪烁位置输入文字"抢答器监控系统"，按【Enter】键或在窗口任意位置用单击，文字输入完毕，如图 2-14 所示。

图 2-14　输入和编辑文字

③ 如果文字输错了，或者对输入文字的字形、字号、颜色、位置等不满意，可进行如下操作。

④ 单击已输入的文字，在文字周围出现了许多小方块（称为拖动手柄），表明文本框被选中，可对其进行编辑。

⑤ 右击，弹出下拉菜单，选择"改字符"命令。

⑥ 在文本框中输入正确的文字，在窗口任意空白位置单击，结束文字输入。

⑦ 选中文字框，单击工具栏上的 "填充色"按钮 **图**，设置文字框的背景颜色为"没有填充"。

⑧ 单击工具栏上的"线色"按钮 **图**，设置文字框的边线颜色为"没有边线"。

⑨ 单击工具栏上的"字符字体"按钮 **Aᵃ**，设置文字字体为宋体，字形为粗体，大小为 26。

⑩ 单击工具栏上的"字符颜色"按钮 **图A**，将文字颜色设为蓝色。

⑪ 单击工具栏上的"字体设置"按钮 **I≣**，弹出左对齐、居中、右对齐 3 个图标，选择居中。注意，这里的居中是指文字在文本框里左右、上下位置居中。

⑫ 如果文字的整体位置不理想，可按下光标移动键【↑】、【↓】、【←】、【→】，或按住鼠标左键拖动，直至位置合适，再松开鼠标。

⑬ 如果觉得文本框太大或太小，可同时按住【Shift】键和【↑】、【↓】、【←】、【→】键中的一个；或移动鼠标到小方块（拖动手柄）位置，待光标呈纵向或横向或斜向"双箭头"形，即可按住左键拖动，改变文本框大小，直至满意。

⑭ 单击窗口其他任意空白位置，结束文字编辑。

⑮ 若需要删除文字，只要用鼠标选中文字，按【Del】键即可。

⑯ 想恢复刚刚被删除的文字，单击"撤销"按钮。

⑰ 单击工具栏中的"保存"按钮。

（3）制作抢答器组态画面

① 单击绘图工具箱中的"插入元件"按钮，弹出"对象元件管理"对话框。

② 单击左侧窗口"对象元件列表"中的"其他"，右侧窗口出现如图 2-15 所示的图形。

图 2-15　工作台图形

③ 单击右侧窗口内的"工作台"作为选手抢答的工作桌，图像外围出现矩形，表明该图形被选中，单击"确定"按钮。

④ 将工作台调整为适当大小，放到适当位置。

⑤ 在工作台下面输入文字标签"儿童桌"，单击工具栏中的"保存"按钮。

⑥ 利用工具箱中的"直线""椭圆""圆角矩形"按钮制作出选手的模型，如图 2-16 所示。

⑦ 通过"指示灯"制作选手桌灯。单击"对象元件列表"中的"指示灯"，选择"指示灯 11"，先将其分解单元，这个桌灯由红灯、绿灯和底座三部分组成，如图 2-17 所示。

图 2-16　选手模型效果图

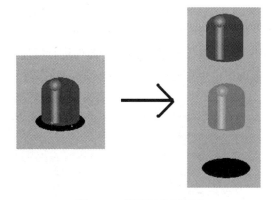

图 2-17　指示灯分解图示

在本例中，为了更美观地放在桌子上，将桌灯的底座去掉，然后将红灯和绿灯合并单元。设置好的桌灯如图 2-18 所示。

⑧ LED 显示器的制作。本例有两处需要用到 LED 显示：组号显示器和记分牌。利用工具栏中的"矩形"按钮，拉出 7 个狭长的矩形，作为每一段二极管，这样就组合成一个 LED 显示器，然后按照前述方法设置其属性，再将其合并单元，就构成了一个 LED 显示器，如图 2-19 所示。

图 2-18　选手桌灯效果图

图 2-19　LED 显示器效果图

⑨ 将工作台、选手模型、桌灯和记分牌合并单元，制作成的"儿童桌"效果图如图 2-20 所示。同理，制作其他组的监控画面。

图 2-20　儿童桌效果图

⑩ 通过工具箱中的"常用符号"按钮 📦 打开常用图符，选中八边形，作为电铃。在"对象元件列表"里的 "开关"和"指示灯"中，选择合适的作为"比赛开关"和"报警灯"。 最后，通过工具箱中的"标签"按钮 A 给每个器件进行标注。抢答器组态效果图如图 2-21 所示。其中，每组选手桌前的白色矩形内都有一个记分牌，静态时无显示，当比赛开始时显示为 50 分。

图 2-21 抢答器组态效果图

2.3.4 动画连接

动画连接，实际上是将用户窗口内创建的图形对象与实时数据库中定义的数据对象建立对应连接关系，通过对图形对象在不同的数值区间内设置不同的状态属性（如颜色、大小、位置移动、可见度、闪烁效果等），用数据对象的值的变化来驱动图形对象的状态改变，使系统在运行过程中，产生形象逼真的动画效果。因此，动画连接过程就归结为对图形对象的状态属性设置的过程。例如，本例中抢答犯规，报警灯 Y0 亮。下面介绍电铃、桌灯、记分牌的动画连接。

1. 比赛开关动画连接

① 双击比赛开关，弹出单元属性设置窗口。

② 单击"动画连接"选项卡，按照图 2-22 所示进行设置。

③ 在"动画连接"选项卡中，分别设置组合图符按钮输入和可见度的动态属性，按照图 2-23 所示进行设置。同理，设置标签的字符颜色，动态属性"0"信号对应的是白色，"1"信号对应的是黑色。

图 2-22　比赛开关动画连接设置对话框

图 2-23　比赛开关设置

2. 报警灯动画连接

① 双击报警灯，弹出单元属性设置对话框。

② 单击"动画连接"选项卡，按照图 2-24 所示进行设置。

图 2-24　报警灯动画连接设置对话框

③ 在"填充颜色"选项卡中，设置组合图符填充颜色的动态属性，"0"信号对应的是红色，"1"信号对应的是绿色，如图 2-25 所示。

图 2-25　报警灯填充颜色设置

3. 电铃动画连接

① 双击电铃，弹出属性设置对话框。对其属性和填充颜色进行设置，包括边线颜色、边线类型、静态填充颜色及动态填充颜色。

② 将静态填充颜色设置为红色，边线颜色设置为黑色，边线线型设置为较粗。

③ 动态属性中，"0"信号对应的是红色，"1"信号对应的是绿色，如图 2-26 所示。

图 2-26　电铃属性设置对话框

4. 组号显示器动画连接

① 双击图 2-21 中当前组号的 a 段（注："a 段"不可见），弹出单元属性设置对话框。

② 在单元属性设置对话框中单击"动画连接"选项卡，设置组合图符填充颜色的动态属性，"0"信号对应的是白色，"1"信号对应的是红色，按照图 2-27 所示进行设置。

图 2-27　组号显示器填充颜色设置

5. 桌灯动画连接

① 双击学生 1 桌灯，弹出属性设置对话框。对其属性和填充颜色进行设置，包括边线颜色、边线类型、填充颜色。

② 将填充颜色设置为背景色，边线颜色设置为黑色，边线线型设置为默认线型。

③ 动态属性中，可见度的设置是红灯在"0"信号时可见，绿灯是在"1"信号时可见，如图 2-28 所示。

图 2-28 桌灯可见度属性设置

6. 记分牌动画连接

① 双击记分牌个位，弹出单元属性设置窗口。

② 在单元属性设置对话框中，单击"填充颜色"选项卡，设置标签填充颜色的动态属性，"0"信号对应的是白色，"1"信号对应的是红色，按照图 2-29 所示进行设置。

图 2-29 记分牌填充颜色设置

2.3.5 模拟仿真运行与调试

1. 脚本程序简介

脚本程序是组态软件中的一种内置编程语言引擎。当某些控制和计算任务通过常规组态方法难以实现时，通过使用脚本语言，能够增强整个系统的灵活性，解决其常规组态方法难以解决的问题。在 MCGS 中，脚本语言是一种语法上类似 BASIC 的编程语言。可以应用在运行策略中，把整个脚本程序作为一个策略功能块执行，也可以在菜单组态中作为菜单的一个辅助功能运行，更常见的方法是应用在动画界面的事件中。

因这里只要求实现监控，无动态效果，所以脚本程序编写比较简单。因为考虑到实验室环境，通常只能实现一组记分牌的加减，所以，为了美观，让另外四组记分牌也能有显示，就要通过写脚本程序来实现。

2. 编写脚本程序

（1）修改循环时间

根据抢答器监控系统要求，完成一个循环需要 60 ms，首先将策略循环时间修改为 60。

（2）将脚本程序添加到策略行

① 进入循环策略组态窗口，单击工具栏中的"新增策略行"按钮，增加一新策略行。

② 在"策略工具箱"中选中"脚本程序"，将光标移动到新增策略行末端的按钮上，此时光标变为小手形状，单击该小手，如图 2-30 所示，脚本程序被加到该策略。

图 2-30　新增脚本程序策略行

③ 双击"脚本程序"策略行末端的按钮，出现脚本程序编辑窗口，如图 2-31 所示。

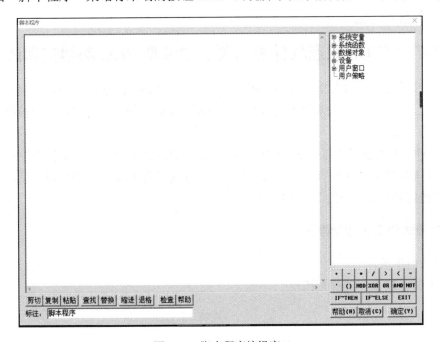

图 2-31　脚本程序编辑窗口

（3）脚本程序编辑注意事项

① 脚本程序的编写必须符合语法规范，否则不能通过。根据系统提供的错误信息，做出相应的改正，系统检查通过，就可以在运行环境中运行。

② 可以利用提供的功能按钮（如剪切、复制、粘贴等）。

③ 可以利用脚本语言和表达式列表（如 IF[表达式]THEN 等）。

④ 可以利用操作对象和函数列表（如系统函数!abs()、数据对象等）。

⑤ "＞""＜""'" 等符号应在纯英文或"英文标点"状态输入。

⑥ 注释以单引号"'"开始。

（4）脚本程序清单

因本例只要求实现监控，无动态效果，所以脚本程序编写比较简单。考虑到实验室环境，利用一组记分牌的加减观察效果，其他四组记分牌也能有显示。本例在数据库中添加了一个 m0，当"比赛开关"=1 时，m0 就为 1，然后将另外四组记分牌十位的 a、c、d、f、g 段和个位的 a、b、c、d、e、f 段都设置为 m0，这样只要比赛开始，这四组的记分牌就会显示为 50，但这只是为了画面的美观而做的一个模拟，实际上是不能实现加减分的。脚本程序如下：

```
if 比赛开关=1  then
m0=1
else m0=0
endif
```

（5）调试程序

① 单击"检查"按钮，进行语法检查。如果报错，修改到无语法错误。

② 单击"保存"按钮，进入运行环境，观察效果是否正确，如果有误，重新进行调整。

③ 修改直至效果正确。

2.4 MCGS 组态软件和三菱 FX2N 型 PLC 的通信调试

抢答器监控系统以三菱 FX2N 型 PLC 为控制单元，利用 MCGS 组态软件将控制系统的控制状态可视化，通过上位机实时接收和处理现场信号，并驱动上位机控制界面中的图形控件，使监控画面实时显示现场状态。

首先建立 MCGS 组态软件与三菱 FX2N 型 PLC 之间的通信连接，用三菱编程电缆连接 PLC 与上位 PC。在组态软件的设备窗口中加入通用串口父设备及三菱 PLC，组态完成之后，进入运行环境就能实现对抢答器监控系统的上位机监控功能。

2.4.1 编制并调试 PLC 的控制程序

具体可分为两步进行：

① 编辑如图 2-32 所示的梯形图程序。

图 2-32　PLC 控制程序

图 2-32　PLC 控制程序（续）

X005　X000　Y001　Y002　Y004　Y005　T0　　(Y003)

Y003

X006　X000　Y001　Y002　Y003　Y005　T0　　(Y004)

Y004

X007　X000　Y001　Y002　Y003　Y004　T0　　(Y005)

Y005

Y001　M2　M0　　(Y006)

Y002　M3　　(T2　K150)

Y003

Y004

Y005

Y006　　(T1　K20)

T1　X000　　(M0)

M0

X011　X000　T2　　(M3)

X012

M3

图 2-32　PLC 控制程序（续）

图 2-32 PLC 控制程序（续）

图 2-32　PLC 控制程序（续）

图 2-32　PLC 控制程序（续）

图 2-32　PLC 控制程序（续）

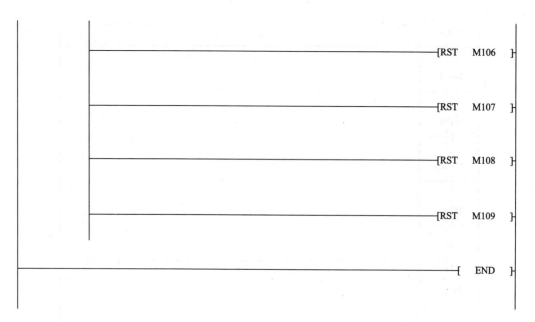

图 2-32　PLC 控制程序（续）

② 按照图 2-32 进行 PLC 程序调试，直至调试结果正确。

2.4.2　添加 PLC 设备

在 MCGS 系统中，由设备窗口负责建立系统与外围硬件设备的连接，使得 MCGS 能从外围设备读取数据并控制外围设备的工作状态，实现对应工业过程的实时监控。因此，MCGS 与 PLC 设备的连接是通过设备窗口完成的。具体操作如下。

① 单击工作台中的"设备窗口"选项卡，进入设备窗口，如图 2-33 所示。

图 2-33　"设备窗口"选项卡

② 单击"设备组态"按钮，弹出设备组态窗口，窗口内为空白，没有任何设备。

③ 单击工具栏中的"工具箱"按钮，弹出"设备工具箱"窗口，单击"设备管理"按钮，弹出"设备管理"窗口，如图 2-34 所示。

图 2-34 "设备管理"窗口

④ 在 MCGS 中 PLC 设备是作为子设备挂在串口父设备下的，因此在向设备组态窗口中添加 PLC 设备前，必须先添加一个串口父设备。三菱 PLC 的串口父设备可以用"通用串口父设备"。"通用串口父设备"可以在图 2-34 左侧所示"可选设备"列表中直接看到。双击"通用串口父设备"，该设备将出现在"选定设备"列表框，如图 2-35 所示。

⑤ 双击可选设备中的 PLC，弹出能够与 MCGS 通信的 PLC 列表。选择"三菱"→"三菱 FX 系列编程口"，双击"三菱 FX 系列编程口"按钮，该设备也被添加到"选定设备"列表框，如图 2-35 所示。

图 2-35 "设备管理"窗口

⑥ 单击"确认"按钮，"设备工具箱"列表中出现以上两个设备。

⑦ 双击"通用串口父设备"，再双击"三菱 FX 系列编程口"设备，它们被添加到左侧设备组态窗口中，至此完成设备的添加，如图 2-36 所示。

图 2-36　设备组态窗口

⑧ 单击"保存"按钮。

2.4.3　设置 PLC 设备属性

设置 PLC 设备属性的方法如下：

① 双击设备组态窗口左侧"设备窗口"的"通用串口父设备 0-[通用串口父设备]"，进入"通用串口设备属性编辑"窗口。在"基本属性"选项卡做如图 2-37 所示的设置。串口父设备用来设置通信参数和通信端口。通信参数必须设置成与 PLC 的设置一样，否则就无法通信。三菱 PLC 常用的通信参数：波特率 9600 Bd，1 位停止位，偶校验，7 位数据位。

图 2-37　通用串口父设备属性设置

② 单击"确认"按钮，返回设备组态窗口。

③ 双击"设备 0-[三菱 FX 系列编程口]"，弹出如图 2-38 所示窗口。在基本属性页进行设置，最小采集周期：为运行时 MCGS 对设备进行操作的时间周期，单位为毫秒，一般设为 100 ms。初

始工作状态：用于设置设备的起始工作状态，设置为启动时，在进入 MCGS 运行环境时，MCGS 即自动开始对设备进行操作 CPU 类型选择为 FX2NCPU。

④ 单击"[内部属性]"后面的"…"按钮，弹出如图 2-39 所示窗口，列出了 PLC 的通道及其含义。内部属性用于设置 PLC 的读写通道，以便后面进行设备通道连接，从而把设备中的数据送入实时数据库中的指定数据对象或把数据对象的值送入设备指定的通道输出。三菱 PLC 设备构件把 PLC 的通道分为只读、只写、读写三种情况，只读用于把 PLC 中的数据读入到 MCGS 的实时数据库中，只写通道用于把 MCGS 实时数据库中的数据写入到 PLC 中，读写则可以从 PLC 中读数据，也可以向 PLC 中写数据。

图 2-38 三菱 PLC 设备属性设置

图 2-39 三菱 PLC 通道属性设置

2.4.4　设备通道连接

连接步骤如下：

① 单击"连接变量"选项卡，进入"通道连接设置"窗口，按照表 2-1 的 I/O 分配进行设置。

② 选中通道 1，双击"对应数据对象"栏，在其中输入在实时数据库中建立的与之对应的数据名"比赛开关"，单击"确认"按钮即可完成 MCGS 中的数据对象与 PLC 内部寄存器间的连接，具体的数据读写将由主控窗口根据具体的操作情况自动完成，如图 2-40 所示。

③ 其他通道设置类似，如图 2-40 所示。

图 2-40　通道连接

2.4.5　设备调试

使用设备调试窗口可以在设备组态的过程中，很方便地对设备进行调试，以检查设备组态设置是否正确、硬件是否处于正常工作状态，同时，在有些设备调试窗口中，可以直接对设备进行控制和操作，方便了设计人员对整个系统的检查和调试。

抢答器系统的调试步骤如下：

1. 下位机的调试

① 按图 2-3 将硬件电路连接好。

② 打开 FXGP-WIN-C 编程软件，将抢答器的程序写入。

③ 打开可编程控制器的电源开关并将其状态按扭打到 STOP 状态。

④ 在 PLC 编程软件中将抢答器的程序写入可编程控制器中，过程为：PLC→传送→写出→选定范围。

⑤ 将可编程控制器的状态打到 RUN 使 PLC 开始运行。

⑥ 将 LED 的开关打开，X14 打到开，抢答器系统就可开始工作。

2. 上下位机的连调

① 将三菱 FX2N 上的开关拨至 RUN，按下"启动"按钮后，观察 PLC 输出是否正确，如果运行不正确，打开 FXGP-WIN-C 软件调试 PLC，直至运行正确，打开抢答器监控系统设备。

② 双击"设备管理"窗口中的"三菱 FX 系列编程口"，打开设备属性设置框，单击"设备调试"按扭，查看通道值是否在变化。如果通道值在变化，说明数据可以采集到。

③ 进入工程运行环境，观察 MCGS 监控画面中五路抢答器的记分牌显示和组号显示是否正确，报警灯和电铃设置是否无误，如果不正确，查找原因并修正。

④ 退出 MCGS 运行环境，完成调试工作。图 2-41～图 2-46 所示为抢答器系统的几张监控图。

图 2-41　比赛开始

图 2-42　儿童桌犯规

图 2-43　儿童桌减分

图 2-44　儿童桌加分

图 2-45　学生 1 号桌正常抢答

图 2-46　学生 1 号桌正常抢答 2 秒后

小　结

　　PLC 具有体积小、可靠性高、能耗低、丰富的 I/O 接口模块 、编程简单易学等优点，广泛应用于现在工业自动控制之中。目前，工业控制中常选用 PLC 作为现场的控制设备，用于数据的采集与处理、逻辑判断、输出控制。

　　本课题为智力竞赛抢答器的监控系统的设计，要求利用 PLC 设计一个智力竞赛的抢答器控制系统，和组态软件结合起来，通过上位机和下位机之间的数据传输，以良好的人机交互界面实现对智力竞赛抢答器的实时监控。本系统的下位机是用 PLC 设计的，它比数字电路和单片机更加稳定和易于修改，上位机采用 MCGS 嵌入版 7.7 组态软件设计，通过连接和调试，成功地实现了对下位机的监控。本设计的主要工作和关键的环节就是硬件电路的设计、PLC 程序的编写，以及组态的设计。PLC 的应用很广泛，可用于各种类型和规模的工业控制，本设计属于小规模的控制，现在有很多的竞赛及电视节目都可以使用。抢答器系统具有稳定的工作能力及易于修改的特点，有着广泛的应用前景，它可以应用于很多类型的智力竞赛和一些电视娱乐节目。

第**3**章　液体混合搅拌系统

学习目标

- 熟悉用 MCGS 软件建立液体混合搅拌监控系统的整个过程。
- 掌握简单界面设计、完成动画连接及脚本程序编写。
- 学会用 MCGS 软件、PLC 联合调试液体混合搅拌监控系统。

3.1　控制要求与方案设计

在炼油、化工和制药等行业中，多种液体混合是必不可少的工序，而且也是其生产过程中十分重要的组成部分。但由于这些行业中多为易燃易爆、有毒有腐蚀性的介质，以至于现场工作环境十分恶劣，不适合人工现场操作。另外，生产要求该系统要具有混合精确、控制可靠等特点，这也是人工操作和半自动化控制所难以实现的。所以，为了帮助相关行业，特别是其中的中小型企业实现多种液体混合的自动控制，从而达到液体混合的目的，液体混合自动配料势必就是摆在我们面前的一大课题。

3.1.1　控制要求

某液体混合控制系统设备，有 3 个进料阀 YV1、YV2、YV3；出料阀 YV4；搅拌电动机 M；加热器 H；3 个液位传感器 L1、L2、L3。要求用 MCGS 组态软件和 PLC 进行整体设计。

本系统要求实现以下控制要求：

1. 初始状态

容器是空的，各个阀门 YV1、YV2、YV3、YV4 均为 OFF，液位传感器 L1、L2、L3 均为 OFF，电动机 M 为 OFF，加热器 H 为 OFF。

2. 启动操作

按下启动按钮 SB_0，开始下列操作：

① YV1=ON，液体 A 注入容器。当液面达到 L3 时，使 YV1=OFF，YV2=ON，即关闭 YV1 阀门，打开液体 B 的阀门 YV2。

② 当液面达到 L2 时，使 YV2=OFF，YV3=ON，即关闭 YV2 阀门，打开液体 C 的阀门 YV3。

③ 当液面达到 L1 时，YV3=OFF，M=ON，即关闭阀门 YV3，搅拌机 M 启动，开始搅拌。

④ 经 10 s 搅匀后，M=OFF，停止搅动，H=ON，加热器开始加热。

⑤ 当混合液温度达到某一指定值时，T=ON，H=OFF，停止加热，使电磁阀 YV4=ON，开始放出混合液体。

⑥ 液面低于 L3 时，L3 从 ON 到 OFF，再经过 10 s，容器放空，使 YV4=OFF，开始下一循环。

3. 停止操作

按下停止按钮 SB$_0$，无论处于什么状态均停止当前工作。

3.1.2 方案设计

整个设计过程是按实际工艺流程设计，为设备安装、运行和保护检修服务。系统在保证安全、可靠、稳定、快速的前提下，尽量做到经济、合理、合用，减小设备成本。在进行方案选择、元器件选型时，更多地考虑新技术、新产品。系统的可靠性要高，人机交互界面友好，应具备数据存储和分析汇总的能力。系统利用 MCGS 在上位机建立运行画面，实现对下位机的监控，下位机则利用 PLC 编程对执行元件直接进行控制。

3.2 液体混合搅拌系统硬件电路设计

液体混合搅拌系统主要完成 3 种液体的自动混合搅拌并控制液体的温度，系统结构如图 3-1 所示。

该系统需要控制的元器件：L1、L2、L3 为液位传感器，液面淹没该点时为 ON，YV1、YV2、YV3、YV4 为电磁阀，M 为搅拌电动机，T 为温度传感器，H 为加热器。所有这些元件的控制都属于开关量控制，可以通过引线与相应的控制系统连接从而达到控制效果。

图 3-1　液体混合搅拌系统

3.2.1 系统硬件结构

1. 液位传感器的选择

选用光电液位传感器 LLE 系列，如图 3-2 所示。工作模式采用传感器内部光反射原理，一个发光二极管和光电晶体管被包含在传感器前端的半球顶内。当没有液体时，光线反射到光电晶体管通过球顶；当有液体时，光线在球顶内部发生部分折射出球体内，引起光电晶体管输出发生变化。安装在空间狭小位置，具有方便安装等特点。

2. 温度传感器的选择

选用 KTY81-210A 型温度传感器，如图 3-3 所示。其中 T 表示温度，KTY 系列温度传感器是具有正温度系数的热敏电阻温度传感器。采用进口 Philips 硅电阻元件精心制作而成，具有精度高，稳定性好，可靠性强，产品寿命长等优点，适用于小管道及狭小空间高精度测温领域，可以对工业现场的温度进行连续测量与控制。

元件主要技术参数如下：

① 测量温度范围为 −50~150 ℃。

② 温度系数 TC 为 0.79%/K。

③ 精度等级为 0.5%。

④ 常温电阻为 2 kΩ。

图 3-2　液位传感器外观

图 3-3　温度传感器外观

3. 电磁阀的选择

选用 ZCW 型电磁阀，如图 3-4 所示。ZCW 电磁阀主要用在航天军工、石化电力、造船业、分析测量仪器、医疗器械、实验设备、精密仪器、焊接机器、环保设备、纺织机械、服装机械、清洗设备、喷灌系统、食品工业等自动化控制。ZCW 电磁阀的主要技术参数如下：

直动活塞型阀体材质：黄铜、304 不锈钢；接口尺寸：管螺纹 G1/4″（1 分）；流量通径（直径）：1～8 mm；控制方式：常闭式；工作压力：B10 级为 0～10 bar。流体范围：气、水、油、蒸汽、制

图 3-4　ZCW 型电磁阀外观

冷剂、腐蚀性流体；流体温度：−200～200 ℃；环境温度：−5～40 ℃；标准电压：AC 220 V、DC 24 V。功率消耗：8 V·A（AC）、8W（DC）；防护等级：IP65；防护性能：防水、防爆、防腐。这里电磁阀额定电压选择 DC -24 V。

3.2.2 PLC 的选择

在本控制系统中，所需的开关量输入和输出各为 6 点，考虑到系统的可扩展性和维修的方便性，选择模块式 PLC。由于本系统的控制是顺序控制，选用日本欧姆龙公司生产的 CPM2AH PLC 作控制单元来控制整个系统，如图 3-5 所示。之所以选择这种 PLC，主要考虑 CPM2AH 系列 PLC 是欧姆龙公司生产的小型整体式可编程控制器。其结构紧凑、功能强，具有很高的性能价格比，在小规模控制中已得到广泛应用。

图 3-5 CPM2AH PLC

3.2.3 PLC I/O 分配表的设计

I/O 地址分配如表 3-1 所示。

表 3-1 液体混合装置 I/O 地址分配

输入点地址	功　能	输出点地址	功　能
00000	SB0 启动按钮	01000	电磁阀 YV1
00001	L1 液位传感器	01001	电磁阀 YV2
00002	L2 液位传感器	01002	电磁阀 YV3
00003	L3 液位传感器	01003	电磁阀 YV4
00004	T 温度传感器	01004	搅拌机 M
00005	SB1 停止按钮	01005	加热器 H

3.2.4 PLC 外部接线图的设计

PLC 外部接线图如图 3-6 所示。

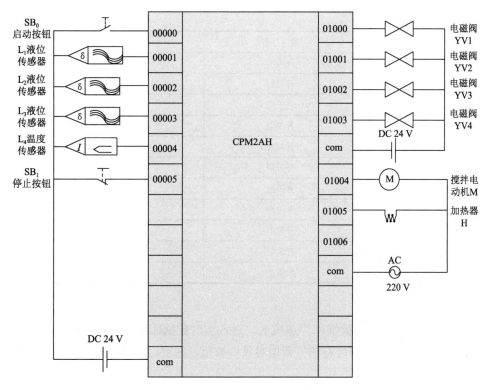

图 3-6　液体混合系统外部接线图

3.3　液体混合搅拌系统组态软件设计

液体混合搅拌监控系统选用 MCGS 组态软件在上位机主要完成工程画面的制作、脚本程序的编写，以及进行系统的模拟仿真运行和调试。

3.3.1　创建工程

可以参考第 2 章的步骤创建工程。

3.3.2　定义数据对象

1.分配数据对象

分配数据对象即定义数据对象前需要对系统进行分析，确定需要的数据对象。本系统的数据对象如表 3-2 所示。

表 3-2　数据对象分配表

对象名称	类型	注释
启动	开关型	SB0 启动按钮
停止	开关型	SB1 启动按钮

对象名称	类　型	注　释
液面传感器 L1	开关型	液位传感器 L1
液面传感器 L2	开关型	液位传感器 L2
液面传感器 L3	开关型	液位传感器 L3
温度传感器	开关型	温度传感器 T
YV1	开关型	上料阀 YV1
YV2	开关型	上料阀 YV2
YV3	开关型	上料阀 YV3
YV4	开关型	放料阀 YV4
搅拌电动机 M	开关型	搅拌电动机 M
加热器 H	开关型	加热器 H
物料罐液位	数值型	

2. 定义数据对象

① 单击工作台中的"实时数据库"选项卡，进入实时数据库窗口，其中列出了已有系统内部建立数据对象的名称。单击工作台右侧"新增对象"按钮，在窗口的数据对象列表中，增加新的数据对象。

② 选中对象，单击"对象属性"按钮，或双击对象，打开"数据对象属性设置"对话框，如图 3-7 所示。

图 3-7　"数据对象属性设置"对话框

③ 将对象名称改为"启动"；对象类型选择"开关"；在"对象内容注释"文本框内输入"启动按钮"，单击"确认"按钮。

按照上述步骤，根据表 3-2，设置其他数据对象。

3.3.3　制作工程画面

1. 建立画面

① 在"用户窗口"中单击"新建窗口"按钮，建立"窗口 0"。

② 选中"窗口 0"，单击"窗口属性"按钮，弹出"用户窗口属性设置"对话框，如图 3-8 所示。

图 3-8　设置用户窗口的属性

③ 将"基本属性"选项卡的窗口名称改为"液体混合搅拌"；窗口标题改为"液体混合搅拌"；其他不变，单击"确认"按钮，关闭窗口。

④ 在"用户窗口"选项中，"窗口 0"图标已变为"液体混合搅拌"。右击"液体混合搅拌"，在弹出的快捷菜单中选择"设置为启动窗口"命令，将该窗口设置为运行时自动加载的窗口，则当 MCGS 运行时，将自动加载该窗口。

⑤ 单击"保存"按钮。

2. 编辑画面

（1）进入编辑画面环境

① 在"用户窗口"选项卡中，选中"液体混合搅拌"窗口图标，单击右侧"动画组态"按钮，进入动画组态窗口，开始编辑画面，如图 3-9 所示。

图 3-9　编辑画面环境

② 单击工具栏中的"工具箱"按钮 🛠，打开绘图工具箱。

（2）制作文字框图

① 单击"工具箱"中的"标签"按钮 **A**，光标呈"十字"形，在窗口顶端中心位置拖动鼠标，根据需要拉出一个一定大小的矩形。

② 在光标闪烁位置输入文字"液体混合搅拌系统"，按【Enter】键或在窗口任意位置单击，文字输入完毕，如图 3-10 所示。

图 3-10　输入和编辑文字

③ 如果文字输错了或者输入文字的字形、字号、颜色、位置等不满意，可参考第二章进行相应的操作。

（3）制作物料罐

① 单击工具箱中的"插入元件"图标 🖼，弹出"对象元件库管理"对话框。

② 单击窗口左侧"对象元件列表"中的"储藏罐"，右侧窗口出现如图 3-11 所示的储藏罐图形。

图 3-11 储藏罐图形

③ 单击右侧窗口中的"罐 17",图像外围出现矩形,表明该图形被选中,单击"确定"按钮。

④ 将储藏罐调整为适当大小,放到适当位置。

⑤ 在储藏罐上面输入文字标签"物料罐",单击工具栏中的"保存"按钮。

(4)制作电磁阀

单击"插入元件"按钮，选择"阀"元件库中的"阀 52"和"阀 53",将大小和位置调整好。

(5)画流动模块

利用工具箱中的流动块动画构件按钮在电磁阀 YV1、YV2、YV3、YV4 和物料罐之间画流动块,如图 3-12 所示。

① 单击流动块动画构件按钮，光标呈"十"字形,移动光标至窗口的预定位置,点击,移动鼠标,在光标后形成一道虚线,拖动一定距离后,单击,生成一段流动块。再拖动鼠标(可沿原来方向,也可垂直原来方向),生成下一段流动块。

② 双击鼠标或按【Esc】键,结束流动块绘制。

③ 需要修改流动块时,选中流动块(流动块周围出现选中标志:白色小方块),鼠标指针指向小方块,按住左键不放,拖动鼠标,即可调整流动块的形状。

④ 双击流动块,弹出流动块构件属性设置窗口,在基本属性窗口可以更改流动外观和流动方向。

(6)添加文字注释

单击"工具箱"中的"标签"按钮，分别对阀、罐和液体进行文字注释,依次为物料罐、YV1、YV2、YV3、YV4、液体 A、液体 B 和液体 C,如图 3-12 所示。

图 3-12　流动块效果图

（7）保存画面

选择"文件"菜单中的"保存窗口"命令，保存画面。

（8）制作搅拌电动机

① 单击绘图工具箱中的"插入元件"按钮，弹出"对象元件库管理"对话框。

② 单击窗口左侧"对象元件列表"中的"马达"，右侧窗口出现如图 3-13 所示的马达图形。

图 3-13　马达图形

③ 单击右侧窗口中的马达 11，图像外围出现矩形，表明该图形被选中，单击"确定"按钮。

④ 将马达 11 调整为适当大小，放到适当位置，在右边输入文字标签"搅拌电机"，如图 3-14 所示。

⑤ 单击工具栏中的"保存"按钮。

图 3-14　搅拌电机效果图

（9）制作传感器

① 单击绘图工具箱中的"插入元件"按钮，弹出"对象元件库管理"对话框。

② 单击窗口左侧"对象元件列表"中的"传感器"，选择右侧窗口出现的"传感器 4"和"传感器 22"，将大小和位置调整好，选择"排列" → "旋转" → "右旋 90 度"命令。

③ 单击"工具箱"中的"标签"按钮，分别对液面传感器和温度传感器进行文字注释。依次为：液面传感器 L1、液面传感器 L2、液面传感器 L3 和温度传感器 T，如图 3-15 所示。

④ 单击工具栏中的"保存"按钮。

图 3-15　传感器效果图

（10）制作加热器

① 单击窗口左侧"对象元件列表"中的"传感器"，选择右侧窗口出现的"传感器 15"，将大小和位置调整好，选择"排列"→"旋转"→"左旋 90 度"命令。

② 调节图形大小和位置，在下面输入文字标签"加热器 H"，如图 3-16 所示。

图 3-16　加热器效果图

③ 单击工具栏中的"保存"按钮。

（11）制作按钮

① 单击绘图工具箱中的"标准按钮"　□，在画面中画出一定大小的按钮，调整其大小和位置。

② 双击该按钮，弹出"标准按钮构件属性设置"对话框，如图 3-17 所示。

图 3-17　"标准按钮构件属性设置"对话框

③ 在"基本属性"选项卡进行设置。"文本"栏设置为"启动";"文本颜色"栏设置为黑色;"字体"设置为宋体、常规、五号;"水平对齐"设置为中对齐;"垂直对齐"设置为中对齐;"按钮类型"设置为 3D 按钮。

④ 单击"确认"按钮。

⑤ 对画好的按钮进行复制、粘贴,调整新按钮的位置。

⑥ 双击新按钮,在"基本属性"选项卡将"按钮标题"的内容改为"停止"。

⑦ 调整位置和大小。

⑧ 单击工具栏中的"存盘"按钮。

（12）多个图形对象的排列

图形绘制完成后,可用【↑】、【↓】、【←】、【→】键或鼠标左键调整多个图形对象的位置,很不方便,这时可使用工具栏中的"编辑条"按钮。

① 单击"编辑条"按钮,在工具栏出现辅助工具栏（再次单击将取消该工具栏）包括"左对齐""右对齐""上对齐"等工具。

② 选中一组图形对象。可以通过在用户窗口的背景上按住鼠标左键不放,再拖动鼠标来实现,此时,鼠标画出的矩形框所包围的所有对象都将被选取;也可以按住键盘上的【Shift】键,然后依次单击各个对象,来选取一组对象。这里选中 3 个液面传感器。

③ 指定当前对象。当只有一个被选中的图形对象时,该对象即为当前对象。当有多个选中的图形对象时,手柄为黑色小矩形的图像对象为当前对象。所有的对齐命令,均以当前对象为基准进行操作。单击被选中的图形对象时,可使该对象变为当前对象。

④ 执行位置调整。单击"左边界对齐" 按钮、"纵向等间距"按钮,会发现 3 个液面传感器的左边界对齐、纵向等间距。其他的调整与此类似。

最后生成的画面如图 3-18 所示。

图 3-18　液体混合搅拌系统整体画面

3.3.4 动画连接

由图形对象搭制而成的图形画面是静止不动的，需要对这些图形对象进行动画设计，真实地描述外界对象的状态变化，达到过程实时监控的目的。MCGS 实现图形动画设计的主要方法是将用户窗口中图形对象与实时数据库中的数据对象建立相关性连接，并设置相应的动画属性。将画面上的对象与数据对象关联的过程称为动画连接。在系统运行过程中，图形对象的外观和状态特征，由数据对象的实时采集值驱动，从而实现了图形的动画效果。例如，当按下启动按钮后，电磁阀 YV1 打开，液体 A 流入物料罐。下面介绍物料罐中液面的升降、按钮的动画连接。

1. 液面升降效果

① 在用户窗口中，双击物料罐，弹出属性设置对话框，单击"数据对象"选项卡。

② 单击"？"按钮，从变量选择窗口中选中"物料罐液位"数据对象，双击确认，数据对象连接为"物料罐液位"，如图 3-19 所示。

图 3-19 对物料罐进行数据连接

③ 单击"动画连接"选项卡，选中折线，在右端出现 。

④ 单击 按钮进入动画组态属性设置窗口，在"大小变化"选项卡按照如图 3-20 所示设置各个参数。

⑤ 单击"确认"按钮，完成物料罐设置。

⑥ 单击工具栏中的"保存"按钮。

2. 阀的启停

① 双击电磁阀 YV1，弹出"单元属性设置"对话框。

② 选中"数据对象"选项卡中的"按钮输入"，右端出现浏览按钮 ，单击按钮 ，双击数据

对象列表中的 YV1，如图 3-21 所示。

图 3-20　大小变化设置

图 3-21　对阀进行数据对象连接

③ 使用同样的方法将"可见度"对应的数据对象设置为 YV1。

④ 单击"动画连接"选项卡，进入该页，在"图元名"列，出现 5 个组合图符。

⑤ 选中第一个"组合图符"，右端出现"?"和">"按钮。

⑥ 单击">"按钮，弹出"动画组态属性设置"对话框。

⑦ 在"按钮动作"选项卡，选中"数据对象值操作"，并填入：取反、YV1。

⑧ 单击"确认"按钮。

⑨ 用同样方法设置其他 4 个组合图符，如图 3-22 所示。

⑩ 单击工具栏中的"保存"按钮。

⑪ 其他阀 YV2、YV3 和 YV4 启停效果的设置类似。

图 3-22　对阀进行动画连接

3. 水流效果

① 双击 YV1 右侧的流动块，弹出"流动块构件属性设置"对话框。

② 在"基本属性"选项卡中，按照图 3-23 所示进行设置。

③ 在"流动属性"选项卡中，按照图 3-24 所示进行设置。

图 3-23　水流基本属性设置

图 3-24　水流流动属性设置

④ 注意不要做可见度属性设置。

⑤ 阀 YV2 左侧、YV3 和 YV4 右侧流动块的制作方法与此相同,只需要将表达式相应改为 YV2、YV3、YV4 即可。

⑥ 单击工具栏中的"保存"按钮，单击▣按钮，进入模拟运行环境，操作阀 YV1、YV2、YV3 和 YV4，观察流动块的流动效果。如果流动方向有问题，可以返回组态环境，在"基本属性"选项卡中修改流动方向设置。

4. 按钮效果

① 双击图 3-18 中的"启动"按钮，弹出属性设置对话框，单击"操作属性"选项卡，如图 3-25 所示。

图 3-25　按钮操作属性连接

② 选中"数据对象值操作"复选框，单击第 1 个下拉列表框的下拉按钮，弹出按钮动作下拉菜单，选择"取反"。"取反"的意思是：如果数据对象"启动"初始值为 0，则在画面上单击按钮，数据对象变为 1；再单击，值变为 0，用来模拟带自锁的按钮。

③ 单击文本框右侧的"？"按钮，弹出当前用户定义的所有数据对象列表，双击"启动"。

④ 用同样的方法建立"停止"与对应数据对象之间的动画连接，单击"保存"按钮。

5. 传感器效果

① 双击"液面传感器 L1"，弹出属性设置对话框，选择"按钮动作"选项卡。

② 选中"数据对象值操作"复选框，单击第 1 个下拉列表框的下拉按钮，弹出按钮动作下拉菜单，选择"取反"。

③ 单击文本框右侧的"？"按钮，弹出当前用户定义的所有数据对象列表，双击"液面传感器 L1"，如图 3-26 所示。

图 3-26　传感器按钮动作对话框

④ 在属性设置对话框中选中"填充颜色"选项卡。

⑤ 进入"填充颜色"选项卡，单击"？"按钮，在弹出的菜单中选择"液面传感器 L1"。单击"增加"按钮，将"填充颜色连接"中"0"对应的颜色设为绿色；"1"对应的颜色设为红色，如图 3-27 所示。

图 3-27　传感器填充颜色设置

⑥ 用同样的方法建立"液面传感器 L2""液面传感器 L3""温度传感器 T"与对应数据对象之间的动画连接，单击"保存"按钮。

6. 搅拌电机和加热器效果

① 右击"搅拌电机"，选择"转换为位图"命令。

② 双击"搅拌电机"，弹出"属性设置"对话框，选择"闪烁效果"对话框。

③ 单击"闪烁效果"选项卡，按照图 3-28 所示进行设置。

图 3-28　搅拌电机闪烁效果对话框

④ 用同样的方法建立"加热器 H"与对应数据对象之间的动画连接，只需要将表达式改为加热器 H 即可，单击"保存"按钮。

3.3.5　模拟仿真运行与调试

本系统要求实现以下控制要求：

① 按下启动按钮 SB0，打开 YV1 进液体 A，当 L3 有输出时，关 YV1。

② 打开 YV2，当 L2 有输出时，关 YV2。

③ 打开 YV3，当 L1 有输出时，关 YV3。

④ 搅拌电机搅拌，延时 10 s。

⑤ 搅拌机停止工作，同时使加热器 H 工作，开始加热。

⑥ 当温度传感器 T 动作时，停止加热，打开出料阀 Y4，在打开 YV4 时，YV1、YV2、YV3 不能打开。

⑦ 当液面下降到 L3 处时，延时 10 s，关 YV4，重新开始下一循环。

⑧ 按下停止按钮 SB1 时，立即停止当前的工作。

可以通过编写脚本程序来实现上述功能，脚本程序是组态软件中的一种内置编程语言引擎。当某些控制和计算任务通过常规组态方法难以实现时，通过使用脚本语言，能够增强整个系统的灵活性，解决其常规组态方法难以解决的问题。在 MCGS 中，脚本语言是一种语法上类似 BASIC 的编程语言。可以应用在运行策略中，把整个脚本程序作为一个策略功能块执行，也可以在菜单组态中作为菜单的一个辅助功能运行，更常见的方法是应用在动画界面的事件中。

从控制要求可以看出，控制过程大致是使各个电磁阀、搅拌电机和加热器定时、顺序动作。让电磁阀、搅拌电机和加热器动作很简单，只需要将相应的数据对象置 0 或置 1 即可。那么，如何实现定时功能呢？

1. 添加定时器

（1）在运行策略中添加定时器

① 单击工具栏中的"工作台"按钮▣，弹出"工作台"窗口。

② 单击"运行策略"选项卡，进入"运行策略"窗口，如图 3-29 所示。"启动策略"为系统固有策略，在 MCGS 系统开始运行时自动被调用一次，一般在该策略中完成系统初始化功能。"退出策略"为系统固有策略，在退出 MCGS 系统时自动被调用一次，一般在该策略中完成系统善后处理功能。"循环策略"为系统固有策略，也可以由用户在组态时创建，在 MCGS 系统运行时按照设定的时间循环运行。由于该策略块是由系统循环扫描执行，故可以把关于流程控制的任务放在此策略块中处理。

图 3-29　"运行策略"窗口

③ 双击"循环策略"进入策略组态窗口。

④ 双击 ▦▦ 图标进入"策略属性设置"，将循环时间设为 200 ms，单击"确认"按钮。

⑤ 在策略组态窗口中，单击工具栏中的"新增策略行"按钮▦，增加一策略行。

⑥ 在"策略工具箱"中选中"定时器"，鼠标移动到新增策略行末端的按钮，此时光标变为小手形状，单击该小手，定时器被加到该策略，如图 3-30 所示。

图 3-30　定时器策略

（2）新增定时器数据对象

定时器以时间作为条件，当到达设定的时间时，条件成立一次，否则不成立。定时器功能构件通常用于循环策略块的策略行中，作为循环执行功能构件的定时启动条件。为了更好地控制定时器的运行，新增 4 个数据对象，如表 3-3 所示。

表 3-3　定时器数据对象

对象名称	类　型	初　值	注　释
定时器启动	开关型	0	控制定时器的启停，1 启动，0 停止
计时时间	数值型	0	定时器计时时间
时间到	开关型	0	定时器定时时间到为 1，否则为 0
定时器复位	开关型	0	1 代表定时器复位，重新计时

（3）定时器属性设置

① 双击新增策略行末端定时器按钮，弹出定时器属性设置"对话框，按照如图 3-31 所示设置定时器参数。

② "设定值"一栏填入 10，表示定时器设定时间为 10 s。

③ "当前值"一栏中，单击对应的 "？" 按钮，在弹出的数据对象列表中双击 "计时时间"，此时 "当前值" 表示定时器计时时间的当前值。

④ "计时条件"一栏中，单击对应的 "？" 按钮，双击 "定时器启动"，表示该对象为 1 时，定时器开始计时；为 0 时，停止计时。

⑤ 在 "复位条件" 栏中，单击对应的 "？" 按钮，双击 "定时器复位"，表示该对象为 1 时，定时器复位。

⑥ 在 "计时状态" 栏中，单击对应的 "？" 按钮，双击 "时间到"，当计时时间超过设定时间

时，"时间到"对象将为 1，否则为 0。

⑦ "内容注释"文本框中填入"定时器"。

⑧ 单击"确认"按钮。

⑨ 单击工具栏中的"保存"按钮。

图 3-31　设置定时器

（4）定时器特性观察

为了更方便地观察定时器的时间，在原画面上增加一个"计时时间"显示。

① 单击"工具箱"中的"标签"按钮 **A**，光标呈"十字"形，在画面空白位置上拖动鼠标，根据需要拉出一个一定大小的方框。

② 在方框内输入"计时时间"文字，双击方框，弹出"动画组态属性设置"对话框。

③ 在"输入输出连接"一栏中选择"显示输出"。

④ 单击"显示输出"选项卡进入该对话框。

⑤ 按照图 3-32 进行"显示输出"设置。在定时器运行时，可以显示计时时间。

2. 编写脚本程序

（1）将脚本程序添加到策略行

① 进入循环策略组态窗口，单击工具栏中的"新增策略行"按钮 ⚙，增加一新策略行。

② 在"策略工具箱"中选中"脚本程序"，将光标移动到新增策略行末端的按钮，此时光标变为小手形状，单击该小手，脚本程序被加到该策略。

③ 选中该策略行，单击工具栏中的"向上移动"按钮 ⚙，脚本程序上移到定时器行，如图 3-33 所示。

图 3-32 定时器显示输出设置

图 3-33 新增脚本程序策略行

④ 双击"脚本程序"策略行末端的按钮 ，出现脚本程序编辑窗口，输入脚本程序。

（2）参考脚本程序清单

① 按下启动按钮 SB0，打开 YV1 进液体 A。

IF 启动=1 AND 停止=0 THEN

YV1=1

物料罐液位=物料罐液位+0.05

ENDIF

② 当 L3 有输出时，关 YV1，打开 YV2。

IF 液面传感器 L3=1 THEN

YV1=0

YV2=1

ENDIF

③ 当 L2 有输出时，关 YV2，打开 YV3。

IF 液面传感器 L2=1 THEN

YV1=0

YV2=0

YV3=1

ENDIF

④ 当 L1 有输出时，关 YV3，搅拌电机搅拌。

IF 液面传感器 L1=1 THEN

YV1=0

YV2=0

YV3=0

YV4=0

搅拌电机 M=1

定时器启动=1

ENDIF

⑤ 延时 10 s 后，搅拌机停止工作，同时使加热器 H 工作，开始加热。

IF 时间到=1 THEN

搅拌电机 M=0

加热器 H=1

ENDIF

⑥ 当温度传感器 T 动作时，停止加热，打开出料阀 YV4。在打开 YV4 时，YV1、YV2、YV3 不能打开。

IF 温度传感器=1 THEN

加热器 H=0

YV4=1

物料罐液位=物料罐液位-0.05

定时器复位=1

ENDIF

⑦ 当液面下降到液面传感器 L3，且 L3 没有输出时，延时 10 s，关 YV4。

IF 液面传感器 L3=0 AND 温度传感器=1 THEN

YV1=0

YV2=0

YV3=0

定时器启动 1=1

ENDIF

IF 时间到 1=1 THEN

搅拌电机 M=0

YV4=0

ENDIF

⑧ 按下停止按钮 SB1 时，立即停止当前的工作。

IF 停止=1 THEN

YV1=0

YV2=0

YV3=0

YV4=0

搅拌电机 M=0

加热器 H=0

定时器复位=1

定时器复位 1=1

ENDIF

（3）调试程序

① 以 IF…ENDIF 为一段，分段输入并调试程序。

② 单击"检查"按钮，进行语法检查。如果报错，修改到无语法错误。

③ 单击"保存"按钮，进入运行环境，观察动作效果是否正确，如果有误，重新进行调整。

④ 修改直至动作效果正确。

⑤ 再输入其他段程序，并调试。

⑥ 全部程序分段调试结束后，再进行整体调试。

视频

液体混合搅拌系统
模拟调试

3.4 MCGS 组态软件和欧姆龙 CPM2AH PLC 的通信调试

液体混合搅拌监控系统以欧姆龙 CPM2AH PLC 为控制单元，利用 MCGS 组态软件将控制系统的控制状态可视化，通过上位机实时接收和处理现场信号，并驱动上位机控制界面中的图形控件，使监控画面实时显示现场状态，进而实现远程控制。

首先建立 MCGS 组态软件与欧姆龙 CPM2AHPLC 之间的通信连接，用欧姆龙编程电缆连接 PLC 与上位 PC。在组态软件的设备窗口中加入通用串口父设备及欧姆龙 PLC，组态完成之后，进入运行环境就能实现对液体混合搅拌系统的上位机监控功能。

3.4.1 编制并调试 PLC 的控制程序

① 编辑如图 3-34 所示的梯形图程序。

图 3-34　PLC 控制程序

② 按照图 3-34 进行 PLC 程序调试，直至调试结果正确。

3.4.2 添加 PLC 设备

设备窗口是 MCGS 系统与作为测控对象的外围设备建立联系的后台作业环境，负责驱动外围设备，控制外围设备的工作状态。系统通过设备与数据之间的通道，把外围设备的运行数据采集进来，送入实时数据库，供系统其他部分调用，并且把实时数据库中的数据输出到外围设备，实现对外围设备的操作与控制。

① 单击工作台中的"设备窗口"选项卡，进入设备窗口。

② 单击"设备组态"按钮，弹出设备组态窗口，窗口内为空白，没有任何设备。

③ 单击工具栏中的"工具箱"按钮 ，弹出"设备工具箱"窗口，单击"设备管理"按钮，弹出设备管理窗口。

④ 在 MCGS 中 PLC 设备是作为子设备挂在串口父设备下的，因此在向设备组态窗口中添加 PLC 设备前，必须先添加一个串口父设备。欧姆龙 PLC 的串口父设备可以用"串口通信父设备"，也可以用"通用串口父设备"。"通用串口父设备"可以在图 3-35 左侧所示可选设备列表中直接看到。"通用串口父设备"在"可选设备"列表的"通用设备"中，需要打开"通用设备"项。双击"通用串口父设备"，该设备将出现在"选定设备"栏，如图 3-35 所示。

图 3-35　添加通用串口父设备

⑤ 双击"PLC 设备"，弹出能够与 MCGS 通信的 PLC 列表。选择"欧姆龙"→HostLink→"扩展 Omron HostLink"，双击"扩展 Omron HostLink"选项，该设备也被添加到"选定设备"栏，如图 3-36 所示。

⑥ 单击"确认"按钮，"设备工具箱"列表中出现以上两个设备。

⑦ 双击"通用串口父设备"，再双击"扩展 OmronHostLink"设备，它们被添加到左侧设备组态窗口中，如图 3-37 所示。至此完成设备的添加。

⑧ 单击"保存"按钮。

图 3-36　添加 PLC 设备

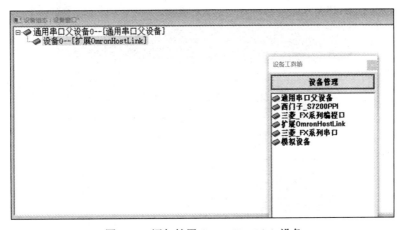

图 3-37　添加扩展 OmronHostLink 设备

3.4.3　设置 PLC 设备属性

设置 PLC 设备属性的步骤如下：

① 双击图 3-34 中"通用串口父设备 0--[通用串口父设备]"，进入"通用串口设备属性编辑"窗口。在"基本属性"选项卡做如图 3-38 所示的设置。串口父设备用来设置通信参数和通信端口。通信参数必须设置成与 PLC 的设置一样，否则就无法通信。欧姆龙 PLC 常用的通信参数：通信讯波特率 6-9600、2-2 位、2-偶校验、0-7 位。

② 单击"确认"窗口，返回设备组态窗口。

③ 双击"设备 0--[扩展 Omron HostLink]"，进行如图 3-39 所示的设置。采集周期：为运行时 MCGS 对设备进行操作的时间周期，单位为毫秒，默认设为 100 ms。初始工作状态：用于设置设备

的起始工作状态，设置为启动时，在进入 MCGS 运行环境时，MCGS 即自动开始对设备进行操作，设置为停止时，MCGS 不对设备进行操作，但可以用 MCGS 的设备操作函数和策略在 MCGS 运行环境中启动或停止设备。PLC 地址：为 RS232 方式时 PLC 地址设为 0，采用适配器时 PLC 地址由自己设置，这里 PLC 地址设为 0。

图 3-38　通用串口父设备属性设置

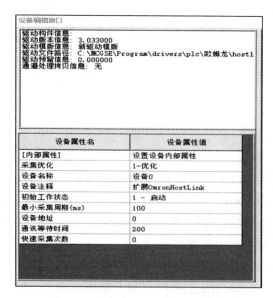

图 3-39　欧姆龙 PLC 设备属性设置

④ 单击"[内部属性]"之后出现的"…"按钮，列出 PLC 的通道及其含义。内部属性用于设置 PLC 的读写通道，以便后面进行设备通道连接，从而把设备中的数据送入实时数据库中的指定数据对象或把数据对象的值送入设备指定的通道输出。欧姆龙 PLC 设备构件把 PLC 的通道分为只读、只写、读写 3 种情况，只读用于把 PLC 中的数据读入到 MCGS 的实时数据库中，只写通道用于把 MCGS 实时数据库中的数据写入到 PLC 中，读写则可以从 PLC 中读数据，也可以往 PLC 中写数据。本设备构件可操作 PLC 的 IR/SR（位操作读写）、LR（数据链接）、HR、AR、TC、PV（定时计数）DM（数据寄存器）。

⑤ IR0000.00 表示内部继电器区输入继电器 0.00。现在需要增加输出继电器 10.00～10.05 和定时器 TIM000～TIM001。单击"增加通道"按钮，弹出"增加通道"对话框，如图 3-40 所示。单击"删除一个"按钮可以删除的通道，当读写类型不变，只需要通道地址递增时，可以单击"索引拷贝"按钮快速添加通道。

图 3-40　增加通道

⑥ 在图 3-41 中单击"确认"按钮，弹出如图 3-42 所示对话框，可以看到增加了输出通道和定时器。

图 3-41　增加通道

图 3-42　添加通道

⑦ 单击"确认"按钮，返回到"基本属性"对话框。

3.4.4　设备通道连接

单击设备编辑窗口中的"连接变量"，选中通道 1（见图 3-42）。在连接变量处双击，弹出变量选择窗口，在其中输入在实时数据库中建立的与之对应的数据名"启动"，单击"确认"按钮就完成了 MCGS 中的数据对象与 PLC 内部寄存器间的连接，如图 3-43 所示。

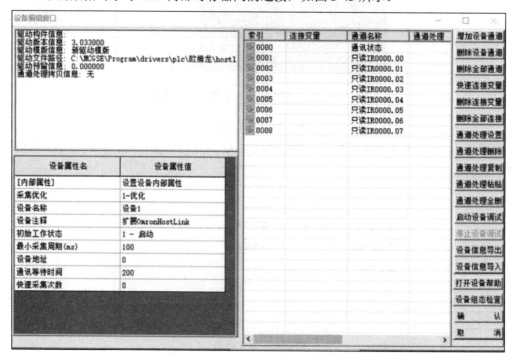

图 3-43　连接变量

③ 其他通道按照表 3-1 的 I/O 分配进行设置，设置类似，如图 3-44 所示。

索引	连接变量	通道名称	通道处理	
0000		通讯状态		增加设备通道
0001	启动	读写IR0000.00		删除设备通道
0002	液面传感器L1	只读IR0000.01		删除全部通道
0003	液面传感器L2	只读IR0000.02		快速连接变量
0004	液面传感器L3	只读IR0000.03		删除连接变量
0005	温度传感器	只读IR0000.04		删除全部连接
0006	停止	只读IR0000.05		
0007	YV1	读写IR0010.00		通道处理设置
0008	YV2	读写IR0010.01		通道处理删除
0009	YV3	读写IR0010.02		
0010	YV4	读写IR0010.03		通道处理复制
0011	加热器H	读写IR0010.04		
0012	搅拌电机M	读写IR0010.05		

图 3-44 通道连接

3.4.5 设备调试

设备调试步骤如下：

① 将欧姆龙 CPM2AH PLC 上的开关拨至 RUN，按下"启动"按钮后，观察 PLC 输出是否正确，如果运行不正确，进入 CX-Programmer 环境，使 PLC 运行后调试，直至运行正确，退出该环境。

② 检查 MCGS 运行策略中的脚本程序是否正确，确定后进入 MCGS 运行环境。

③ 观察 MCGS 监控画面中各个电磁阀、搅拌电机和加热器动作是否正确。如果不正确，查找原因并修正。

④ 退出 MCGS 运行环境，完成调试工作。

小　　结

PLC 具有可靠性高、抗干扰能力强、灵活性好等优点，因此 PLC 的应用几乎覆盖了所有工业企业。同时由于工业控制过程日益复杂，控制要求越来越高，如对现场的监视，对数据的显示、监视等。本章选用欧姆龙的 CPM1A 系列 PLC 作为下位机对现场的数据进行采集，通过 PLC 的硬件设计和软件编程，对液体混合搅拌系统实现了电磁阀、搅拌电机和加热器等的自动控制。上位机中通过 MCGS 的编程，实现了现场工作状态的显示，现场数据的显示、记录和存档，实现监控功能。

基于 MCGS 的 PLC 控制系统能充分利用计算机软件功能，利用其庞大的标准图形库，完备的绘图工具集以及丰富的多媒体支持，"调用"或"制造"出各种现场设备和仪表，快速开发出漂亮、生动的工程画面。与 PLC 相配合，真实地再现了现场运行过程，有很好的可视性，确保了液体混合搅拌系统能够安全、可靠、稳定地运行。

第④章 交通灯监控系统

- 熟悉用 MCGS 软件建立交通灯系统的整个过程。
- 掌握简单界面设计，完成动画连接及脚本程序编写。
- 学会用 MCGS 软件、PLC 联合调试交通灯系统。

4.1　控制要求与方案设计

随着城市建设的不断发展和人民生活水平的不断提高，汽车将成为人们日常生活中必不可少的交通工具。交通管理越来越重要，交通灯是保证公路交通顺畅必不可少的一种标志，因此它在人们的生活中变得十分重要，一旦交通灯出现故障就可能酿成重大的交通事故，因此十字路口交通灯控制系统的设计必须有很高的可靠性和抗干扰性。

针对上述问题，本项目以组态软件 MCGS 嵌入版为开发平台，建立下位机 PLC 和上位机 PC 之间进行数据传输的良好人机界面，使组态界面上的图形对象与现场执行设备 PLC 建立一一对应的关系，以便操作员在上位机的界面就可以对现场交通信号和实时数据记录进行操作与监控。

4.1.1　控制要求

本系统要求实现以下控制要求：

当"启动"按钮按下时，先南北红灯、东西绿灯亮，此时东西方向的车辆运行，延时 13 s 东西绿灯变为闪烁状态，闪烁 5 s 后跳到黄灯亮，此时东西方向的车辆停止运行，东西黄灯亮 2 s 后，变为东西红灯、南北绿灯亮，则南北方向车辆运行，延时 13 s 南北绿灯变为闪烁，闪烁 5 s 后跳到南北黄灯亮，则南北方向的车辆停止运行，南北黄灯亮 2 s 后，再回到南北红灯、东西绿灯亮的状态，循环下去。无论运行到哪个状态，当停止按钮按下时，所有的灯都处于不亮状态。

4.1.2　方案设计

传统的城市交通信号实时控制采取单片机控制系统或数字逻辑电路等多种控制方式。这些控制各有侧重，但它们普遍存在着抗干扰能力差、用户修改方案困难等缺点。本系统主要采用欧姆龙 CPM2AH 系列 PLC 和 MCGS 组态软件联合设计十字路口交通灯控制系统，并对 PLC 交通灯的运行进行实时监控。使系统具有运行可靠，抗干扰能力强，易于用户修改和实时监控等特点，并具有一定的实用价值。

4.2　交通灯系统硬件电路设计

在十字路口的东西方向和南北方向各设有红、黄、绿 3 个信号灯,各信号灯按照预先设定的时序轮流点亮或熄灭,其运行状态时序图如图 4-1 所示。

图 4-1　交通灯运行状态时序图

4.2.1　总体结构

交通灯系统硬件结构如图 4-2 所示。

图 4-2　交通灯系统硬件结构框图

4.2.2　PLC 的选择

本系统中上位机部分为 MCGS 嵌入版组态软件部分,而下位机则为 PLC 的编程控制部分。系统共有开关型输入量 2 个,开关型输出量 6 个,选用欧姆龙 CPM2AH PLC 作为下位机的硬件控制部分。

4.2.3 PLC I/O 分配表的设计

I/O 地址分配如表 4-1 所示。

表 4-1 交通灯 I/O 地址分配

输入点地址	功　能	输出点地址	功　能
00000	"启动"按钮	01000	东西红灯 H1
00001	"停止"按钮	01001	东西绿灯 H2
		01002	东西黄灯 H3
		01003	南北红灯 H4
		01004	南北绿灯 H5
		01005	南北黄灯 H6

4.2.4 PLC 外部接线图的设计

PLC 外部接线图如图 4-3 所示。

图 4-3 PLC 外部接线图

4.3 交通灯系统组态软件设计

交通灯系统选用 MCGSE 组态软件在上位机主要完成工程画面的制作、脚本程序的编写以及进行系统的模拟仿真运行和调试。

4.3.1　创建工程

可以按以下步骤建立工程：

① 双击桌面 MCGSE 组态环境图标，进入组态环境，屏幕中间窗口为工作台。

② 选择"文件"→"新建工程"命令，如果 MCGS 安装在 D 盘根目录下，则会在 D:\MCGSE\WORK\下自动生成新建工程，默认的工程名为"新建工程 X.MCE"（X 表示新建工程的顺序号，如 0、1、2 等）。

③ 选择"文件"→"工程另存为"命令，弹出文件保存对话框。

④ 在"文件名"文本框输入"交通灯系统"，单击"保存"按钮，工程创建完毕。

4.3.2　定义数据对象

1. 分配数据对象

本系统至少要有 8 个数据对象，如表 4-2 所示。

表 4-2　数据对象分配表

对象名称	类型	注释
启动	开关型	启动按钮
Q1	开关型	南北红灯
Q2	开关型	东西绿灯
Q3	开关型	东西黄灯
Q4	开关型	东西红灯
Q5	开关型	南北绿灯
Q6	开关型	南北黄灯
a	数值型	存放定时器当前值
东西货车	数值型	东西方向货车位置
南北货车	数值型	南北方向货车位置

2. 定义数据对象步骤

① 单击工作台中的"实时数据库"选项卡，进入"实时数据库"窗口，窗口中列出了已有系统内部建立数据对象的名称。单击工作台右侧的"新增对象"按钮，在窗口的数据对象列表中，增加新的数据对象。

② 选中对象，单击右侧的"对象属性"按钮，或双击对象，则打开"数据对象属性设置"窗口，根据表 4-2，依次设置数据对象。

4.3.3 制作工程画面

1. 建立画面

① 在"用户窗口"中单击"新建窗口"按钮,建立"窗口0"。选中"窗口0",单击"窗口属性"按钮,弹出"用户窗口属性设置"窗口。

② 将"基本属性"选项卡的窗口名称改为"交通灯";窗口标题改为"交通灯";窗口位置选中"最大化显示",其他不变,单击"确认"按钮,关闭窗口。

③ 在"用户窗口"中,"窗口 0"图标已变为"交通灯"。右击"交通灯",在弹出的快捷菜单中选择"设置为启动窗口"命令,将该窗口设置为运行时自动加载的窗口,则当 MCGS 运行时,将自动加载该窗口。

④ 单击"保存"按钮。

2. 编辑画面

① 选中"交通灯"窗口图标,单击"动画组态",进入动画组态窗口,开始编辑画面。

② 单击工具栏中的"工具箱"按钮 🛠,打开绘图工具箱。

③ 单击"工具箱"中的"标签"按钮 □,光标呈"十字"形,在窗口中拉出 4 个矩形并双击矩形框打开属性栏,填充颜色如图 4-4 所示。

视频

交通灯道路界面

图 4-4　道路界面

④ 单击绘图工具箱中的"插入元件"按钮 📟,弹出对象元件管理对话框,从对象元件管理对话框中选择货车和树,放到合适位置,效果如图 4-5 所示。

⑤ 从对象元件管理对话框中分别选择交通灯和管道,放到合适位置,最终生成的画面如图 4-6 所示。

图 4-5   货车和树的画面

图 4-6   交通灯组态效果图

4.3.4   动画连接

1. 交通灯设置

东西方向的交通运行情况相同，因此交通灯的动画连接相同，同样南北方向的交通灯动画连接也一样。

① 在用户窗口中，双击东边方向的交通灯，弹出属性设置窗口，单击"动画连接"标签，选中第三行的三维圆球，在右端出现 ▶。

② 单击 ▶ 进入动画组态属性设置对话框，首先添加"闪烁效果"，然后分别对"可见度"和"闪烁效果"设置表达式，由于 0～18 s 东西绿灯亮，其中 13～18 s 东西绿灯闪烁，其设置如图 4-8 和图 4-9 所示。

图 4-7　交通灯三维圆球动画连接设置

图 4-8　东西绿灯闪烁效果设置

图 4-9　东西绿灯可见度设置

③ 单击"确认"按钮，完成东西绿灯设置。

④ 单击"动画连接"标签，选中第二行的三维圆球，在右端出现▶按钮。单击▶按钮进入"动画组态属性设置"对话框，选择"可见度"选项卡，东西黄灯是在绿灯闪烁结束后开始亮的，亮 3 s 即 a 在 18～21 s 的范围内黄灯是亮的，其设置如图 4-10 所示。

视频

东西交通灯动画
连接设置

图 4-10　东西黄灯可见度设置

⑤ 单击"确认"按钮，完成东西黄灯设置。

⑥ 单击图 4.7 中的"动画连接"选项卡，选中第一行的三维圆球，在右端出现▶按钮。单击▶

按钮进入"动画组态属性设置"对话框，选择"可见度"选项卡，东西红灯是在黄灯灭后开始亮的，其设置如图 4-11 所示。

图 4-11　东西红灯可见度设置

南北方向的交通灯动画连接与之类似，如图 4-12 所示。

图 4-12　南北方向交通灯设置

2. 车辆的设置

本系统中当东西方向绿灯亮时其对应方向的汽车开动，红灯亮时则停止运动；同样，南北方向绿灯亮时，对应方向的汽车开动，红灯亮时停止运动。

① 双击西边方向上的货车，弹出属性设置对话框，单击"数据对象"选项卡。

② 选中"数据对象"选项卡中的"水平移动",右端出现"浏览"按钮 ?，单击"浏览"按钮 ?，双击数据对象列表中的"东西货车"。

③ 单击"动画连接"选项卡，在"图元名"列选中"组合图符"，右端出现"?"和">"按钮。

④ 单击">"按钮，弹出"动画组态属性设置"对话框。

⑤ 在"位置动画连接"处选中"水平移动"。

⑥ 在"水平移动"选项卡进行参数设置，如图 4-13 所示。

图 4-13 东边方向货车"水平移动"设置

⑦ 对南边方向的货车进行"垂直移动"设置，具体参数设置如图 4-14 所示。

图 4-14 南边方向货车动画连接

⑧ 西边和北边方向货车的动画连接可按类似方法设置，但需要修改偏移量的方向，如图 4-15 所示。

(a) 西边方向货车设置

(b) 北边方向货车设置

图 4-15 西北方向货车动画连接

⑨ 单击工具栏中的"保存"按钮。

4.3.5 模拟仿真运行与调试

本系统流程图如图 4-16 所示。

从系统流程图可以看出，本系统主要用定时器来控制交通灯的亮闪情况，定时器 a 的范围是 0～44（在整个流程 42 s 基础上增加 2 s）。那么，如何实现定时功能呢？

1. 定时器控制

（1）定时器的控制

!TimerSetLimit(1,44,0)

!TimerSetOutput(1,a)

if 启动=0 then

Q1=0

Q2=0

Q3=0

Q4=0

Q5=0

Q6=0

!TimerReset(1,0)

!TimerStop(1)

图 4-16 交通灯系统流程图

Endif

（2）定时器特性观察

为了更方便地观察定时器的时间，在原画面上增加两个"时间"显示。

① 单击"工具箱"中的"标签"按钮**A**，光标呈"十字"形，在画面空白位置上拖动鼠标，根据需要拉出一个一定大小的方框。

② 在方框内输入"时间"文字，双击方框，弹出"标签动画组态属性设置"对话框。

③ 在"输入输出连接"一栏中选择：显示输出，如图 4-17 所示。

图 4-17　显示输出设置

④ 单击"显示输出"选项卡，进入该对话框。

⑤ 按照图 4-18 进行显示输出设置。在定时器运行时，可以显示计时时间。

图 4-18　定时器显示输出设置

2. 编写脚本程序

（1）将脚本程序添加到策略行

双击"脚本程序"策略行末端的按钮 ，出现脚本程序编辑窗口，在窗口输入以下脚本程序。

① 定时器控制程序。

!TimerSetLimit(1,44,0)

!TimerSetOutput(1,a)

if 启动=0 then

Q1=0

Q2=0

Q3=0

Q4=0

Q5=0

Q6=0

!TimerReset(1,0)

!TimerStop(1)

endif

② 东西绿灯亮，南北红灯亮。

if 启动=1 and 停止=0 then

!TimerRun(1)

endif

if a > 0 and 启动=1 then

Q1=1

Q2=1

Q6=0

东西货车=东西货车+6

endif

③ 东西黄灯亮，南北红灯亮。

if a >=19 and 启动=1 then

Q2=0

Q3=1

endif

④ 东西红灯亮，南北绿灯亮。

if a >= 22 and 启动=1 then

Q1=0

Q5=1

Q4=1

Q3=0

东西货车=0

南北货车=南北货车+5

endif

⑤ 东西红灯亮，南北黄灯亮。

if a >=41 and 启动=1 then

Q5=0

Q6=1

endif

⑥ 重新开始下一循环。

if a >= 43 and 启动=1 then

南北货车运动=0

endif

（2）调试程序

① 以 IF…ENDIF 为一段，分段输入并调试程序。

② 单击"检查"按钮，进行语法检查。如果报错，修改到无语法错误。

③ 单击"保存"按钮，进入运行环境，观察动作效果是否正确，如果有误，重新进行调整。

④ 修改直至动作效果正确。

⑤ 再输入其他段程序，并调试。

⑥ 全部程序分段调试结束后，再进行整体调试。

视频

交通灯模拟调试

4.4　MCGS 组态软件和欧姆龙 CPM2AH PLC 的通信调试

交通灯监控系统中下位机选用欧姆龙 CPM2AH PLC，通过 RS-232/485 接口与上位机交换数据；为上位机提供现场数据，并按指令实施具体控制动作。下位机程序的设计主要为信号灯显示部分。

4.4.1　编制并调试 PLC 的控制程序

编制和调试步骤如下：

① 编辑如图 4-19 所示的梯形图程序。

图 4-19　PLC 控制程序

图 4-19　PLC 控制程序（续）

② 按照图 4-19 进行 PLC 程序调试，直至调试结果正确。

4.4.2 PLC 设备通道连接

PLC 设备添加及属性设置可参考第 3 章。

① 单击图 3-44 中的"变量连接"选项卡，进入"通道连接设置"页，按照表 4-1 的 I/O 分配进行设置。

② 选中通道 1，双击"对应数据对象"栏，在其中输入在实时数据库中建立的与之对应的数据名"启动"，单击"确认"按钮就完成了 MCGS 中的数据对象与 PLC 内部寄存器间的连接，具体的数据读写将由主控窗口根据具体的操作情况自动完成。

③ 其他通道设置类似。

4.4.3 设备调试

① 将欧姆龙 CPM2APLC 上的开关拨至 RUN，按下"启动"按钮后，观察 PLC 输出是否正确，如果运行不正确，进入 CX-Programmer 环境，使 PLC 运行后调试，直至运行正确，退出该环境。

② 检查 MCGS 运行策略中的脚本程序是否正确，确定后进入 MCGS 运行环境。

③ 观察 MCGS 监控画面中东西南北方向交通灯动作是否正确。如果不正确，查找原因并修正。

④ 退出 MCGS 运行环境，完成调试工作。

小　结

十字路口的红绿灯指挥着行人和车辆的安全运行，实现红绿灯的自动指挥能使交通管理工作得到改善，也是城市交通管理工作自动化的重要标志之一。目前，我国大部分城市对交通信号的实时控制仍采取单片机控制系统或数字逻辑电路等多种控制方式。这些控制各有侧重，但它们普遍存在着抗干扰能力差、用户修改方案困难等缺点。

本系统共有两部分：一是基于 PLC 的下位机交通灯控制系统；二是以 MCGS 组态软件为开发平台设计了交通灯系统的监控窗口，并建立下位机和上位机之间的数据传输，使组态界面上的图形对象监控现场交通信号和实时数据。仿真表明，该系统具有运行可靠，便于修改和实时监控等优点。

随着我国人民生活水平的不断提高，城市化的推进与私家车数量的猛增，道路交通拥挤的问题日益突出，可以预见继续完善交通灯监控系统将具有广大的前景。

第**5**章 供料单元的组态监控系统

学习目标

- 熟悉用 MCGS 软件建立供料单元监控系统的整个过程。
- 掌握简单界面设计、图形、按钮等原件的组态，触摸屏变量和 PLC 变量的连接。
- 学会用 MCGS 软件、PLC 联合调试供料单元的动作过程。

5.1 了解供料单元的结构和工作流程

1. 供料单元的结构

供料单元的主要结构组成为：工件装料管、料仓底座、金属传感器、顶料气缸、推料气缸、光电传感器、支架、电磁阀组、工件等。其中，机械部分结构组成如图 5-1 所示。

（a）正视图　　　　　　　（b）侧视图

图 5-1　供料单元全貌

其中，管形料仓和工件推出装置用于储存工件原料，并在需要时将料仓中最下层的工件退出到出料台上。它主要由工件装料管、推料气缸、顶料气缸、光电传感器组成。工件垂直叠放在料仓中，推料气缸处于料仓的底层并且其活塞杆可从料仓的底部通过。当活塞杆在退回位置时，它与最下层工件处于同一水平位置，而夹紧气缸则与次下层工件处于同一水平位置。在需要将工件推出到物料台上时，首先使顶料气缸的活塞杆推出，压住次下层的工件；然后使推料气缸活塞杆推出，从而把最下层工件推到物料台上。在推料气缸返回并从料仓底部抽出后，再使夹紧气缸返回，松开次下层工件。这样，料仓中的工件在重力的作用下，就自动向下移动一个工件，为下一个推出工件做好准备。

该供料单元有两个电磁阀 YV1（顶料电磁阀）、YV2（推料电磁阀），每个气缸分别装有伸出和缩回两个限位开关、料台和料仓，分别装有检测有无料的光电传感器。

2. 供料单元的工作流程（见图 5-2）

（1）初始状态

管型料仓中物料充足，电磁阀 YV1（顶料电磁阀），YV2（推料电磁阀）都处于失电状态，1B1（顶料到位检测）、2B1（推料到位检测）、SC1（物料台物料检测）为 OFF 状态，1B2（顶料复位检测）、2B2（推料复位检测）、SC2（供料不足检测）、SC3（物料有无检测）为 ON 状态。

（2）启动操作

按下启动按钮 SB1，开始下列操作：

① YV1（顶料电磁阀）动作，顶料气缸伸出顶住物料。当顶料到位检测 1B1 为 ON 时，YV2（推料电磁阀）动作，即推料电磁阀得电，推出物料。

② 推料到位检测 2B1 为 ON，物料台上有被推出的物料，即物料台检测 SC1 为 ON，推料电磁阀 YV2 失电，退回气缸。

③ 当推料复位检测 2B2 为 ON 时，顶料电磁阀 YV1 失电，此时顶料复位检测 1B2 为 ON。

④ 搬运站取走物料台上的物料，则物料台物料检测 SC1 为 OFF，重复操作①、②。

⑤ 管型料仓工件不足，HL1 以 1 Hz 闪烁。底层料仓物料不足，HL3 以 0.5 Hz 闪烁。

⑥ 物料充足，HL2 常亮。

（3）停止操作

按下停止按钮 SB2，无论处于什么状态均停止当前工作回到初始步。

5.2 供料单元主要硬件结构

供料单元主要硬件结构如图 5-3 所示，该系统主要检测顶料气缸、推料气缸是否做到位以及管形料仓有无物料。

图 5-2 供料单元工作流程

图 5-3　供料单元结构示意图

5.2.1　供料单元硬件选择

1. 传感器选择

（1）磁性开关

磁性开关用来检测气缸活塞位置，即检测活塞的运动行程，其结构如图 5-4 所示。

图 5-4　磁性开关结构图

1—动作指示灯；2—保护电路；3—开关外壳；4—导线；5—活塞；6—磁环（永久磁铁）；7—气缸筒；8—舌簧开关

气缸的活塞上安装一个永久磁铁的磁环，从而提供一个反映气缸活塞位置的磁场。而安装在气缸外侧的磁性开关用图 5-4 中的舌簧开关作磁场检测元件。当气缸中随活塞移动的磁环靠近开关时，舌簧开关的两根簧片被磁化而相互吸引，触点闭合；当磁环移开开关后，簧片失磁，触点断开。触点闭合或断开即提供了气缸活塞伸出或缩回的位置。图 5-5 所示为磁性开关外形图。

图 5-5　磁性开关外形图

（2）光电传感器的选择

"光电传感器"是利用光的各种性质，检测物体的有无和表面状态的变化等的传感器。其中，输出形式为开关量的传感器为光电式接近开关。

光电式接近开关的工作方式如图 5-6 所示。

图 5-6　光电接近开关工作方式

漫射式光电开关是利用光照射到被测物体上后反射回来的光线而工作的，由于物体反射的光线为漫射光，故称为漫射式光电接近开关。它的光发射器与光接收器处于同一侧位置，且为一体化结构。图 5-7 所示为漫射式光电开关的外形、调节旋钮和显示灯。

图 5-7　漫射式光电开关的外形、调节旋钮和显示灯

本单元所用的光电传感器都是 NPN 型，NPN 集电极开路输出电路的输出端通过晶体管和 0 V 连接，当传感器动作时，晶体管饱和导通，输出端和 0 V 相通，NPN 集电极开路输出为 0 V，当输出端和 PLC 输入端相连时，电流从 PLC 的输入端流出，从 PLC 的公共端 M 流入，如图 5-8 所示。

图 5-8　NPN 输出传感器和 PLC 的连接

2. 电磁阀和气缸

执行气缸都是双作用气缸，控制它们工作的电磁阀需要有 2 个工作口和 2 个排气口以及一个供气口，故使用的电磁阀均为二位五通电磁阀，如图 5-9 所示。

图 5-9　二位五通电磁阀

5.2.2　PLC I/O 分配表的设计

I/O 地址分配如表 5-1 所示。

表 5-1　供料单元输入/输出地址分配

符　号	PLC 输入点	信 号 名 称	符　号	PLC 输出点	信 号 名 称
1B1	I0.0	顶料到位检测	1Y	Q0.0	顶料电磁阀
1B2	I0.1	顶料复位检测	2Y	Q0.1	推料电磁阀
2B1	I0.2	推料到位检测	HL1	Q0.2	黄色指示灯
2B2	I0.3	推料复位检测	HL2	Q0.3	绿色指示灯

符　号	PLC 输入点	信 号 名 称	符　　号	PLC 输出点	信 号 名 称
SC1	I0.4	物料台物料检测	HL3	Q0.4	红色指示灯
SC2	I0.5	供料不足检测			
SC3	I0.6	物料有无检测			
SB1	I0.7	停止按钮			
SB2	I1.0	启动按钮			

5.2.3　PLC 外部接线图的设计

PLC 外部接线图如图 5-10 所示，图中 M 是公共端，L 是直流+2 V 端。

图 5-10　供料单元外部接线图

5.3　建立供料单元的工程项目

在这里建立供料单元的工程项目主要是为了监控供料过程的运行，在触摸屏上进行启动、停止操作，实时监控电磁阀动作过程、缺料报警指示及累计加工数目。

可以按以下步骤建立工程：

① 双击桌面 MCGS 组态环境图标，进入组态环境，屏幕中间窗口为工作台。

② 选择"文件"→"新建工程"命令，如果 MCGS 安装在 C 盘根目录下，则会在 C:\MCGSE\WORK\下自动生成新建工程，默认的工程名为"新建工程 X.MCE"（X 表示新建工程的顺序号，如 0、1、2 等）。

③ 选择"文件"→"工程另存为"命令，弹出"保存为"对话框，如图 5-11 所示。

④ 在"文件名"文本框中输入"供料站触摸屏监控系统"，单击"保存"按钮，工程创建完毕。

图 5-11　输入工程名

5.3.1　定义数据对象

实时数据库是 MCGS 系统的核心，也是应用系统的数据处理中心，系统各个部分均以实时数据库为数据公用区，进行数据交流、数据处理和数据的可视化处理。

1. 分配数据对象

分配数据对象即定义数据对象前需要对系统进行分析，确定需要的数据对象，如表 5-2 所示。

表 5-2　数据对象分配表

对象名称	类型	注释
启动按钮	开关型	启动按钮
停止按钮	开关型	停止按钮
顶料到位检测	开关型	顶料气缸到位检测
顶料复位检测	开关型	顶料气缸复位检测
推料到位检测	开关型	推料气缸到位检测
推料复位检测	开关型	推料气缸复位检测
1Y	开关型	顶料电磁阀
2Y	开关型	推料电磁阀
物料台物料检测	开关型	
供料不足检测	开关型	
物料有无检测	开关型	
黄色指示灯	开关型	料不足指示
绿色指示灯	开关型	正常运行指示
红色指示灯	开关型	缺料报警指示
供料个数	数值	上料数目

2. 定义数据对象的步骤

① 单击工作台中的"实时数据库"选项卡，进入"实时数据库"窗口，其中列出了已有系统内部建立数据对象的名称。

② 单击工作台右侧的"新增对象"按钮，在窗口的数据对象列表中，增加新的数据对象。

③ 选中对象，单击右侧的"对象属性"按钮，或双击选中对象，弹出"数据对象属性设置"对话框，如图 5-12 所示。

图 5-12 "数据对象属性设置"对话框

④ 将对象名称改为"启动按钮"；对象类型选择"开关"；在"对象内容注释"文本框中输入"启动按钮"，单击"确认"按钮。

⑤ 按照上述步骤，根据表 5-2，设置其他数据对象。

5.3.2 组态设备窗口

MCGS 为用户提供了多种类型的"设备构件"，作为系统与外围设备进行联系的媒介。进入设备窗口，从设备构件工具箱里选择相应的构件配置到窗口内，建立接口与通道的连接关系，设置相应的属性，即完成了设备窗口的组态任务。

1. 选择设备构件

在工作台的"设备窗口"选项卡中：双击设备窗口图标（或选中窗口图标，单击"设备组态"按钮），弹出设备组态窗口；单击工具栏中的"工具箱"按钮，弹出设备工具箱；双击设备工具箱里的设备构件，或选中设备构件，在设备窗口内单击，则可将其选到窗口内，如图 5-13 所示。

图 5-13　添加设备构件

设备工具箱内包含有 MCGS 目前支持的所有硬件设备，对系统不支持的硬件设备需要预先定制相应的设备构建件，才能对其进行操作。MCGS 将不断增加新的设备构件，以提供对更多硬件设备的支持。

2. 设置设备构件属性建立与西门子 S7-200PLC 的通信连接

选中设备构件，单击工具栏中的"属性"按钮 ➤ 或者选择"编辑"→"属性"命令，或者双击设备构件，弹出所选设备构件的属性编辑对话框，选择"基本属性"选项卡，按所列项目进行设置，如图 5-14 所示。

图 5-14　通用串口父设备属性设置

不同的设备构件有不同的属性，一般都包括如下三项：设备名称、输入/输出（I/O）端口地址、采集周期。系统各个部分对设备构件的操作是以设备名为基准的，因此各个设备构件不能重名。与硬件相关的参数必须正确配置，例如"串口端口号"应设为 0-COM1；通信波特率应和 PLC 的通信波特率相一致，本单元设为 6-9600；"数据校验方式"为"2-偶校验"，否则触摸屏和 PLC 不能进行通信。

3. 设备通道连接建立与西门子 S7-200PLC 变量连接

把输入/输出设备读取数据和输出数据的通道称为设备通道，建立设备通道和实时数据库中数据对象的对应关系的过程称为通道连接。建立通道连接的目的是通过设备构件，确定采集进来的数据送入实时数据库的什么地方，或从实时数据库中什么地方取用数据。

双击设备构件，在设备属性设置对话框内，选择"基本属性"选项卡，单击"设置设备内部属性"后的...按钮，如图 5-15 所示删除之前的"设备通道"。按表 5-1 中所列款项设置去增加通道，如图 5-16 所示。

图 5-15　S7-200 PLC 设备属性设置

图 5-16　S7-200 PLC 设备属性通道添加

在"西门子__S7200PPI 通道属性设置"窗口中，添加设备通道，在"添加设备通道"窗口中根据上料站所用到的变量选择通道类型、数据类型、通道地址、通道个数及读写方式。最后给通道连接变量，方法是在"连接变量"中右击所选通道，在变量表中选择要连接的变量，如图 5-17 所示。

图 5-17　通道连接

5.3.3　制作工程画面

1. 建立画面

① 在"用户窗口"中单击"新建窗口"按钮，建立"窗口0"，如图 5-18 所示。

图 5-18　新建用户窗口

② 选中"窗口0"，单击"窗口属性"按钮，弹出"用户窗口属性设置"对话框，如图 5-19 所示。

图 5-19　设置用户窗口的属性

③ 将"基本属性"选项卡中的窗口名称改为"开始画面"；窗口标题改为"开始画面"；窗口位置选中"任意摆放"，其他不变，单击"确认"按钮，关闭窗口。以同样的方法再新建一个窗口，窗口标题为"监控画面"。设置后的用户窗口如图 5-20 所示。

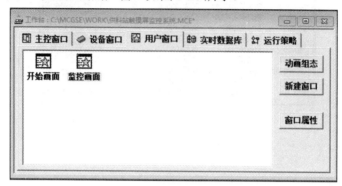

图 5-20　设置后的用户窗口

④ 在"用户窗口"中，"窗口 0"图标已变为"开始画面"，如图 5-20 所示。右击"开始画面"，从弹出的快捷菜单中选择"设置为启动窗口"命令，将该窗口设置为运行时自动加载的窗口，则当 MCGS 运行时，将自动加载该窗口。

⑤ 单击"保存"按钮。

2. 编辑画面

定义了用户窗口并完成属性设置后，就开始在用户窗口内使用系统提供的绘图工具箱创建图形对象，制作漂亮的图形界面。

在工作台的用户窗口页中，双击指定的用户窗口图标，或者选中用户窗口图标后，单击"动画组态"按钮，即可打开一个空白的用户窗口，等待在上面放置图形对象，生成需要的图形界面。

在用户窗口中创建图形对象之前，需要从工具箱中选取需要的图形构件，进行图形对象的创建工作。MCGS 提供了两个工具箱：放置图元和动画构件的绘图工具箱和常用图符工具箱。从这两个工具箱中选取所需的构件或图符，在用户窗口内进行组合，就构成用户窗口的各种图形界面。

（1）进入编辑画面环境

① 在"用户窗口"中，选中"开始画面"图标，单击右侧"动画组态"按钮，进入动画组态窗口，开始编辑画面，如图 5-21 所示。

② 单击工具栏中的"工具箱"按钮 ，打开绘图工具箱，如图 5-19 所示。

（2）制作文字框图

① 单击"工具箱"内的"标签"按钮 **A**，光标呈"十字"形，在窗口顶端中心位置拖动鼠标，根据需要拉出一个一定大小的矩形。

② 在光标闪烁位置输入文字"供料站触摸屏监控系统"，按【Enter】键或在窗口任意位置单击，文字输入完毕，如图 5-22 所示。

图 5-21　编辑画面环境

图 5-22　输入和编辑文字

3. 绘制开始画面

① 单击画图工具箱中的"标准按钮" ，在画面中画出一定大小的按钮，调整其大小和位置。

② 双击该按钮，弹出"标准按钮构件属性设置"对话框，如图 5-22 所示。

③ 在"基本属性"选项卡进行设置。"按下"状态对应的文本框中输入"进入监控"；"文本颜色"栏设为黑色；"文本字体"设为宋体、斜体、三号；"水平对齐"设为"中对齐"；"垂直对齐"设为"中对齐"；"按钮类型"设为"3D 按钮"。

④ 单击"确认"按钮。

⑤ 对画好的按钮进行复制、粘贴，调整新按钮的位置。

图 5-23 "标准按钮构件属性设置"对话框

依据上面的方法再组态一个按钮,效果如图 5-24 所示。

图 5-24 开始画面效果图

4. 绘制监控画面

(1)构建供料站的结构

进入监控画面的组态界面,选择"矩形" ▱ ,通过矩形框构建供料结构监控画面,如图 5-25 所示。

图 5-25　监控画面的效果图

（2）组态传感器的实时显示状态和状态指示灯

① 单击绘图工具箱中的"插入元件"按钮[图]，弹出"对象元件库管理"对话框。

② 单击窗口左侧"对象元件列表"中的"指示灯"，右侧窗口出现如图 5-26 所示的指示灯图形。

③ 单击右侧窗口内的指示灯 6，图像外围出现矩形，表明该图形被选中，单击"确定"按钮。

④ 将指示灯调整为适当大小，放到适当位置。

⑤ 在指示灯上面输入文字标签相应传感器的名字，如图 5-27 所示。

图 5-26　指示灯图形

图 5-27　监控画面效果图

以同样的方法组态指示灯，如图 5-28 所示。

图 5-28　指示灯效果图

用与"开始画面"一样的方式组态按钮和开关，如图 5-29 所示。

图 5-29　按钮效果图

（3）组态输入框，显示实时上料的工件数量

① 单击工具箱中的"输入框"按钮 **ab**。

② 用鼠标在右边组态画面上拉出一个矩形框，双击该矩形框弹出如图 5-30 所示对话框。

图 5-30　"输入框构件属性设置"对话框

③ 选择"基本属性"选项卡改变字体大小、形状、背景色，在"操作属性"选项卡中单击回按钮，弹出如图5-31所示对话框。

图 5-31 "变量"选择对话框

④ 双击"供料个数"，在"输入框构件属性设置"对话框中确定选项，如图5-32所示。

图 5-32 "输入框构件属性设置"对话框

（4）为按钮效果组态变量

① 双击"进入监控"按钮，弹出"标准按钮构件属性设置"对话框，单击"操作属性"选项卡，如图5-33所示。

图 5-33　设置"进入监控"按钮构件

② 选中"打开用户窗口"复选框，在右侧的下拉列表中选择"监控画面"，此后在运行面中单击"进入监控"按钮，即可进入监控画面。以同样方法在"监控画面"中组态"退出系统"按钮。

③ 双击"退出系统"按钮，弹出"标准按钮构件属性设置"对话框，单击"操作属性"选项卡，如图 5-34 所示。

图 5-34　设置"退出系统"按钮构件

④ 选中"退出运行系统"复选框，在右侧的下拉列表中选择"退出运行环境"，此后在运行面中单击退出系统按钮，即可退出触摸屏监控系统。

⑤ 在监控画面中双击"启动按钮"，弹出"标准按钮构件属性设置"对话框，单击"操作属性"

选项卡，如图 5-35 所示。

图 5-35　设置"启动按钮"属性

⑥ 选中"数据对象值操作"复选框，在右侧下拉列表中选择"按 1 松 0"，单击后面的"？"按钮，在"变量选择"中选择"启动按钮"。

⑦ 双击"指示灯"图形，弹出"单元属性设置"对话框，单击"数据对象"选项卡，如图 5-36 所示。

图 5-36　指示灯数据对象连接

单击填充颜色后面的"？"按钮，选择变量表中的"黄色指示灯"，然后单击"动画连接"选择"＞"，如图 5-37 所示；改变变量 0 与 1 在触摸屏上显示的颜色，如图 5-38 所示。

图 5-37　设置指示灯动画连接

图 5-38　设置指示灯填充颜色

单击"确认"按钮即完成指示灯的组态，其他指示灯及传感器的指示灯的组态方法一样。

5.4　联机设备调试运行

① 根据控制要求，编写 PLC 控制程序，程序不在这里详细解释。将西门子 S7-200PLC 上的开关拨至 RUN，按下"启动按钮"按钮后，观察 PLC 输出是否正确，如果运行不正确，退出程序监

控，修改 PLC 程序，上电运行直至正确，退出该环境。

② 把组态好的触摸屏项目用专用数据线下载进触摸屏。检查 MCGS 变量表是否正确，确定后进入 MCGS 运行环境。

③ 用 PPI 电缆把触摸屏和 S7-200PLC 连接起来，运行程序，观察 MCGS 监控画面中各个电磁阀、传感器指示灯动作是否正确。如果不正确，查找原因并修正。

④ 退出 MCGS 运行环境，完成调试工作。

小　结

本单元选用西门子 S7-200PLC 作为控制装置，通过 PLC 的硬件设计和软件编程，对供料站自动控制系统实现了顶料电磁阀、推料电磁阀等的自动控制；通过 MCGS 的编程，实现了现场工作状态的显示，现场数据的显示，实现监控功能。本单元主要介绍了 MCGS 与 S7-200PLC 的通信连接、变量的关联、按钮、指示灯、加工数据实时显示的简单组态。

MCGS 触摸屏和 PLC 组成的自动控制系统，通过硬件和计算机软件的设计，在满足基本功能的基础上，使过程具有可视化、缺料报警和数据统计功能，实时监控系统的工作，从而确保供料站安全稳定地运行。

学习目标

- 熟悉用 MCGS 软件建立分拣单元监控系统的整个过程。
- 掌握简单界面设计、图形、按钮、报表和曲线的组态，触摸屏变量和 PLC 变量的连接。
- 学会用 MCGS 软件、PLC、变频器联合调试分拣单元的动作过程。

6.1 了解分拣单元的结构和工作过程

分拣单元是自动化生产线中的最末单元，完成对上一单元送来的已加工、装配的工件进行分拣，使不同颜色的工件从不同的料槽分流的功能。当输送站送来工件到传送带上被入料口光电传感器检测到时，即启动变频器，将工件送入分拣区进行分拣。

分拣单元主要结构组成：传送带、传送带支承座、推料气缸、减速电动其、进料光电传感器、金属传感器，出料滑槽、联轴器、导向器和底板等。分拣单元的装配总成如图 6-1 所示。

图 6-1 分拣单元的装配总成图

该分拣单元有 3 个电磁阀 1Y（推料 1 电磁阀）、2Y（推料 2 电磁阀）、3Y（推料 3 电磁阀）、3个气缸磁性限位开关、料口检测有无料的光电传感器、进行颜色判断的两个光纤传感器 SC2（白色物料的检测）和 SC3（黑色物料的检测）。

分拣单元的工作流程（见图 6-2）：

（1）初始状态

3 个电磁阀 1Y（推料 1 电磁阀）、2Y（推料 2 电磁阀）、3Y（推料 3 电磁阀）都处于失电状态，1B1（顶料到位检测）、2B1（推料到位检测）、SC1（物料台物料检测）为 OFF 状态，1B（推料 1 到位检测）、2B（推料 2 到位检测）、3B（推料 3 到位检测）都为 OFF 状态，SC1（物料台物料检测）、SC2（白色物料的检测）、SC3（黑色物料的检测）为 OFF 状态。

（2）启动操作

按下启动按钮 SB1，开始下列操作：

① 料口有工件，SC1（物料台物料检测）为 ON，电动机拖动传送带运行。当物料向分料口运动时，根据物料的颜色，选择进入哪个料口。

② 若进入分拣区工件为白色，则检测白色物料的光纤传感器 SC2 动作，作为启动信号，将白色料推到 1 号槽里。

③ 若进入分拣区工件为黑色，则检测黑色物料的光纤传感器 SC3 动作，作为启动信号，将黑色料推到 2 号槽里。

④ 气缸推料的同时，电动机停止运行。气缸动作，气缸到位检测的磁性开关为 ON，推料电磁阀失电。

⑤ 3 个气缸满足初始状态的位置要求，则 HL1 常亮，否则，以 1Hz 频率闪烁，设备正常运行时，HL2 常亮，出现故障，设备不能正常运行，则 HL3 常亮。

（3）停止操作

按下停止按钮 SB2，无论处于什么状态均停止当前工作回到初始步。

图 6-2　分拣单元工作流程图

6.2　分拣单元主要硬件结构

分拣单元主要由传送带、出料滑槽、推料（分拣）气缸、进料光电传感器、编码器、金属传感器、光纤传感器探头等组成，参见图 6-1。

6.2.1　分拣单元器材选择

1. 传感器

本单元应用了光电传感器、磁性开关、光纤传感器。而光电传感器、磁性限位开关在第 5 章已有详细的介绍，在此不再介绍。

光纤型传感器由光纤检测头、光纤放大器两部分组成，放大器和光纤检测头是分离的两部分，光纤检测头的尾端部分分成两条光纤，使用时分别插入放大器的两个光纤孔。光纤传感器组件及放大器的安装示意图如图 6-3 所示。

图 6-3　光纤传感器组件、图形符号及放大器的安装示意图

2. 旋转编码器

旋转编码器是通过光电转换，将输出至轴上的机械、几何位移量转换成脉冲或数字信号的传感器，主要用于速度或位置（角度）的检测。典型的旋转编码器是由光栅盘和光电检测装置组成。光栅盘是在一定直径的圆板上等分地开通若干个长方形狭缝。由于光栅盘与电动机同轴，电动机旋转时，光栅盘与电动机同速旋转，经发光二极管等电子元件组成的检测装置检测输出若干脉冲信号，其原理示意图如图 6-4 所示。通过换算每秒旋转编码器输出脉冲的个数就能反映当前电动机的转速。

图 6-4　旋转编码器原理示意图

根据旋转编码器产生脉冲的方式不同，分为增量式、绝对式及复合式三大类。本单元采用增量式旋转编码器。

增量式旋转编码器是直接利用光电转换原理输出三组方波脉冲 A 相、B 相和 Z 相；A、B 两组脉冲相位差 90°旋转，用于辨向：当 A 相脉冲超前 B 相时为正转方向，而当 B 相脉冲超前 A 相时则为反转方向。Z 相为每转一个脉冲，用于基准点定位，如图 6-5 所示。

分拣单元使用了这种具有 A、B 两相 90°旋转相位差的通用型旋转编码器，用于计算工件在传送带上的位置。编码器直接连接到传送带主轴上。该旋转编码器的三相脉冲采用 NPN 型集电极开路输出，分辨率 500 线，工作电源 DC 12～24 V。本单元没有使用 Z 相脉冲，A、B 两相输出端直接连接到 PLC 的高速计数器输入端。

图 6-5　增量式编码器输出的三组方波脉冲

计算工件在传送带的位置时，需要确定每两个脉冲之间的距离，即脉冲当量。分拣单元主动轴的直径为 d=43 mm，则减速电动机每旋转一周，传送带上工件移动距离 $L=\pi \cdot d \approx 3.14 \times 43$ mm=135.02 mm，故脉冲当量 $\mu=L/500 \approx 0.270$ mm。按如图 6-6 所示的安装尺寸，当工件从下料口中心线移至传感器中心时，旋转编码器约发出 430 个脉冲；移至第一个推杆中心点时，约发出 614 个脉冲；移至第二个推杆中心点时，约发出 963 个脉冲；移至第三个推料中心时，约发出 1 284 个脉冲。应用编码器的原因就是实时反映工件运行的距离。和预先设置的脉冲数（代表距离）进行比对，以确定工件到达下料口，触发推料电磁阀动作。

图 6-6　传送带位置计算用图

3. 西门子 MM420 变频器

（1）西门子 MM420 变频器简介

西门子 MM420（MICROMASTER420）是用于控制三相交流电动机速度的变频器系列。该系列有多种型号，YL-335B 选用的 MM420 订货号为 6SE6420-2UDl7-5AAl，外形如图 6-7 所示。

该变频器的额定参数为：

① 电源电压：380~480 V，三相交流。

② 额定输出功率：0.75 kW。

③ 额定输入电流：2.4 A。

④ 额定输出电流：2.1 A。

图 6-7　MM420 变频器外形

⑤ 外形尺寸：A 型。

⑥ 操作面板：基本操作面板（Basic Operation Panel，BOP）。

（2）变频器控制电路的接线（见图 6-8）

图 6-8　MM420 变频器控制电路的接线

（3）变频器的参数设置

① MM420 变频器的参数访问。MM420 变频器有数千个参数，为了能快速访问指定的参数，MM420 采用把参数分类，屏蔽（过滤）不需要访问的类别的方法实现。实现这种过滤功能有如下几个参数：

● 参数 P004 就是实现这种参数过滤功能的重要参数，当完成了 P004 的设置以后再进行参数查找时，在 LED 上只能看到 P0004 设置值所指定类别的参数。

● 参数 P0010 是调试参数过滤器，对与调试相关的参数进行过滤，只筛选出那些与特定功能组有关的参数。P0010 的可能设置值为：0（准备）、1（快速调试）、2（变频器）、29（下载）、30（工厂的默认设置值）；默认设置值为 0。

● 参数 P0003 用于定义用户访问参数组的等级，设置范围为 1～4。其中：

"1"标准级：可以访问最经常使用的参数。

"2"扩展级：允许扩展访问参数的范围，如变频器的 I/O 功能。

"3"专家级：只供专家使用。

"4"维修级：只供授权的维修人员使用，具有密码保护。

该参数默认设置为等级 1（标准级），对于大多数简单的应用对象，采用标准级就可以满足要求。用户可以修改设置值。

② 参数设置方法。用基本操作面板（BOP）可以修改和设置系统参数，使变频器具有期望的特性，例如，斜坡的时间、最小和最大频率等。选择的参数号和设置的参数值在五位数字的 LED 上显示。

更改参数的数值的步骤可大致归纳为：查找所选定的参数号；进入参数值访问级，修改参数值；确认并存储修改好的参数值。例如，修改 P0004 的参数，假如 P0004 设置值=0，现在需要修改为 3，参数设置方法如表 6-1 所示。

表 6-1　参数设置方法

序　号	操 作 内 容	显示的结果
1	按◎访问参数	r0000
2	按◎直到显示出 P0004	P0004
3	按◎进入参数数值访问级	0
4	按◎或◎达到所需要的数值	3
5	按◎确认并存储参数的数值	P0004
6	使用者只能看到命令参数	

（4）本单元所要设置的参数见表 6-2

表 6-2　参数设置

参 数 号	设 置 值	说　明
P0003	1	设用户访问级为标准级
P0010	1	快速调试
P0700	2	由端子排输入
P1000	2	模拟量输入
P0701	1	DINI，ON 接通正转，OFF 停止

（5）频率设置比例换算关系

S7-200 CPU224XP 内存中的数字量的 0～32 000 经 A/D 转换后模拟量输出 0～20mA 和 0～10 V。在本单元中选择的是 0～10 V 的模拟量输出，假设触摸屏上设置的频率值为 0～50 Hz（整数值），对应数字量 0～32 000，A/D 转换后输出为 0～10 V，所以换算关系的比例系数为 32 000/50=640，模拟量/数字量对应关系如图 6-9 所示。

PLC 程序如图 6-10 所示。

图 6-9　模拟量/数字量对应关系

图 6-10　模拟量/数字量转换 PLC 程序

6.2.2　PLC I/O 分配表的设计

I/O 地址分配如表 6-3 所示。

表 6-3　分拣单元 I/O 地址分配

输 入 信 号			输 出 信 号		
符号	PLC 输入点	信号名称	符号	PLC 输出点	信号名称
I2	I0.0	编码器 A 相		Q0.0	变频器启停控制
I3	I0.1	编码器 B 相		Q0.1	
I4	I0.2	编码器 Z 相		Q0.2	
SC1	I0.3	物料口检测传感器		Q0.3	
SC2	I0.4	光纤传感器检测（黑色）	1Y	Q0.4	推料 1 电磁阀
SC3	I0.5	光纤传感器检测（白色）	2Y	Q0.5	推料 2 电磁阀
1B	I0.6	推杆 1 到位检测	3Y	Q0.6	推料 3 电磁阀

输 入 信 号			输 出 信 号		
符号	PLC 输入点	信号名称	符号	PLC 输出点	信号名称
2B	I0.7	推杆 2 到位检测	HL1	Q0.7	黄色指示灯
3B	I1.0	推杆 3 到位检测	HL2	Q1.0	绿色指示灯
SB1	I1.1	停止按钮	HL3	Q1.1	红色指示灯
SB2	I1.2	启动按钮		AQW0	变频器频率给定

6.2.3　PLC 外部接线图的设计

PLC 外部接线图如图 6-11 所示。其中，M 指公共端，I 指电流输出，V 指电压输出，A+和 B+指 RS-485 通信端，L 接 AC 220 V。

图 6-11　分拣单元外部接线图

6.3　建立分拣单元的工程项目

建立分拣单元的工程项目主要任务是：监控分拣过程的运行，在触摸屏上进行启动、停止操作，实时监控电磁阀的动作过程，电动机运行频率的设置，缺料报警指示，以及累计加工数目、报表的产生。

可以按以下步骤建立工程：

① 双击桌面上的 MCGS 组态环境图标，进入组态环境，屏幕中间窗口为工作台。

② 选择"文件"→"新建工程"命令，如果 MCGS 安装在 C 盘根目录下，则会在 C:\MCGSE\ WORK\下自动生成新建工程，默认的工程名为"新建工程 X.MCE"（X 表示新建工程的顺序号，如 0、1、2 等）。

③ 选择"文件"→"工程另存为"命令，弹出文件保存对话框。

④ 在"文件名"文本框中输入"分拣站触摸屏监控系统"，单击"保存"按钮，工程创建完毕。

6.3.1 定义数据对象

实时数据库是 MCGS 系统的核心，也是应用系统的数据处理中心，系统各个部分均以实时数据库为数据公用区，进行数据交流、数据处理和数据的可视化处理。

1. 分配数据对象

分配数据对象即定义数据对象，之前需要对系统进行分析，确定需要的数据对象，如表 6-4 所示。

表 6-4 数据对象分配表

对象名称	类型	注释
启动按钮	开关型	启动按钮
停止按钮	开关型	停止按钮
推杆 1 到位检测	开关型	
推杆 2 到位检测	开关型	
推杆 3 到位检测	开关型	
1Y	开关型	推料 1 电磁阀
2Y	开关型	推料 2 电磁阀
3Y	开关型	推料 3 电磁阀
物料口物料检测	开关型	检测有无物料
光纤传感器	开关型	检测黑料
光纤传感器	开关型	检测白料
黄色指示灯	开关型	
绿色指示灯	开关型	
红色指示灯	开关型	
供料个数 1	数值	分拣白色工件数目
供料个数 2	数值	分拣黑色工件数目
变频器运行	开关型	

2. 定义数据对象步骤

按照之前步骤，根据表 6-4，设置数据对象。

6.3.2 组态设备窗口

MCGS 为用户提供了多种类型的"设备构件"，作为系统与外围设备进行联系的媒介。进入设备窗口，从设备构件工具箱里选择相应的构件，配置到窗口内，建立接口与通道的连接关系，设置相应的属性，即完成了设备窗口的组态任务。

设置步骤与第 5 章相同，与 S7-200 PLC 的变量通道连接如图 6-12 所示。

图 6-12　变量通道连接

6.3.3 制作工程画面

1. 建立画面

① 在"用户窗口"中单击"新建窗口"按钮，建立"窗口 0"，如图 6-13 所示。

图 6-13　新建用户窗口

② 选中"窗口 0"，单击"窗口属性"按钮，弹出"用户窗口属性设置"对话框，如图 6-14 所示。

③ 将"基本属性"选项卡的"窗口名称"改为"开始画面"；"窗口标题"改为"开始画面"；

"窗口位置"选中"任意摆放",其他不变,单击"确认"按钮,关闭窗口。以同样的方法再新建一个窗口,窗口标题为"监控画面"。

④ 在"用户窗口"中,"窗口 0"图标已变为"开始画面",如图 6-15 所示。右击"开始画面",在弹出的快捷菜单中选择"设置为启动窗口"命令,将该窗口设置为运行时自动加载的窗口,则当 MCGS 运行时,将自动加载该窗口。

图 6-14　设置用户窗口的属性

图 6-15　设置后的用户窗口

⑤ 单击"保存"按钮。

2. 编辑画面

（1）进入编辑画面环境

① 在"用户窗口"中选中"开始画面"图标,单击右侧"动画组态"按钮,进入动画组态窗口,开始编辑画面,如图 6-16 所示。

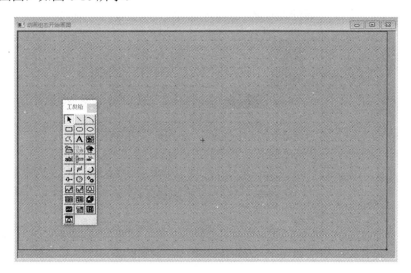

图 6-16　编辑画面环境

② 单击工具栏中的"工具箱"按钮 🛠️，打开绘图工具箱，参见图 6-16。

（2）制作文字框图

① 单击"工具箱"中的"标签"按钮 A，光标呈"十字"形，在窗口顶端中心位置拖动光标，根据需要拉出一个矩形。

② 在光标闪烁位置输入文字"分拣站触摸屏监控系统"，按【Enter】键或在窗口任意位置单击，文字输入完毕，如图 6-17 所示。

图 6-17　输入和编辑文字

3. 绘制开始画面

① 单击绘图工具箱中的"标准按钮" ⬜，在画面中画出一个按钮，调整其大小和位置。

② 双击该按钮，弹出"标准按钮构件属性设置"对话框，如图 6-18 所示。

图 6-18　标准按钮构件属性设置窗口

③ 在"基本属性"选项卡进行设置。在"文本"列表框中输入"进入监控"；文本颜色设为黑色；文本字体设为宋体、斜体、三号；水平对齐设为"中对齐"；垂直对齐设为"中对齐"；按钮类

型设为"3D 按钮"。

④ 单击"确认"按钮。

⑤ 对画好的按钮进行复制、粘贴，调整新按钮的位置。

依据上面的方法再组态一个按钮，如图 6-19 所示。

图 6-19　开始画面效果图

4. 绘制监控画面

（1）构建供料站的结构

进入监控画面的组态界面，选择"矩形" ▫ ，通过矩形框构建如图 6-20 所示的供料结构画面，并填充颜色，使画面不那么单调。

图 6-20　监控画面效果图

（2）组态传感器的实时显示状态和状态指示灯

① 单击绘图工具箱中的"插入元件"按钮![ ]，弹出"对象元件库管理"对话框。

② 单击窗口左侧"对象元件列表"中的"指示灯"，右侧窗口出现如图 6-21 所示的指示灯图形。

图 6-21　指示灯图形

③ 单击右侧窗口内的指示灯 6，图像外围出现矩形，表明该图形被选中，单击"确定"按钮。

④ 将指示灯调整为适当大小，放到适当位置。

⑤ 在指示灯上面输入文字标签，即相应传感器的名字，如图 6-22 所示。

图 6-22　监控画面效果图

以同样的方法组态指示灯，如图 6-23 所示。

图 6-23　指示灯效果图

用与"开始画面"一样的方式组态按钮，如图 6-24 所示。

图 6-24　按钮效果图

（3）组态输入框

用来显示实时电动机运行频率，累计分拣黑料数目和分拣的白料数目。

① 单击绘图工具箱中的"输入框"按钮 **abl**。

② 用光标在右边组态画面上画出一个矩形框，双击该矩形框弹出如图 6-25 所示对话框。

图 6-25 "输入框构件属性设置"对话框

③ 选择"基本属性"选项卡改变字体大小、形状、背景色，在"操作属性"选项卡中单击按钮，弹出如图 6-26 所示对话框。

图 6-26 输入框操作属性数据对象选择

④ 双击"运行频率设定"，在"输入框构件属性设置"中进行设置后单击"确认"按钮，如图 6-27 所示。

图 6-27　输入框构件属性设置

5. 按钮效果组态变量

① 双击"进入监控"按钮，弹出"标准按钮构件属性设置"对话框，单击"操作属性"选项卡，如图 6-28 所示。

图 6-28　设置"进入监控"按钮构件

② 选中"打开用户窗口"复选框，单击右侧的下拉按钮，选择"监控画面"。在画面上单击"进入监控"按钮，即可进入监控画面。以同样操作在"监控画面"中组态"退出监控"按钮。

③ 双击"退出系统"按钮，弹出"标准按钮构件属性设置"对话框，单击"操作属性"选项卡，如图 6-29 所示。

图 6-29　退出系统按钮构件设置

④ 选中"退出运行系统"复选框，单击右侧的下拉按钮，选择"退出运行环境"。在画面上单击"退出系统"按钮，即可退出触摸屏监控系统。

⑤ 在监控画面中双击"启动按钮"，弹出"标准按钮构件属性设置"对话框，单击"操作属性"选项卡，如图 6-30 所示。

图 6-30　设置"启动按钮"构件

⑥ 选中"数据对象值操作"复选框，单击右侧的下拉按钮，选择"按 1 松 0"。单击后面的"?"按钮，在"变量选择"中选择"启动按钮"。

⑦ 双击"指示灯"图形，弹出"单元属性设置"对话框，单击"数据对象"选项卡，如图 6-31 所示。

图 6-31　指示灯数据对象连接

单击填充颜色后面的"?"按钮，选择变量表中的"黄色指示灯"，然后单击"动画连接"选择 ">"，如图 6-32 所示。改变变量 0 与 1 在触摸屏上显示的颜色，如图 6-33 所示。

图 6-32　指示灯动画连接

图 6-33　指示灯填充颜色设置

单击"确认"按钮即完成指示灯的组态，其他指示灯以及传感器的指示灯的组态方法一样。

6. 报表的组态

① 单击绘图"工具箱"中的"历史表格"按钮▦，光标呈"十字"形，在窗口顶端中心位置拖动光标，根据需要画出一个大小为 4×4 的表格，如图 6-34 所示。

图 6-34　历史表格图

② 组态表格的目的是统计黑料数目、白料数目以及对它们进行求和。双击表格后，单击右键，进入报表组态状态如图 6-35 所示。

图 6-35   历史表格组态设置

③ 在图 6-35 中右击历史表格，弹出"单元连接属性设置"对话框，如图 6-36 所示。

图 6-36 "单击连接属性设置"对话框

④ R3C2 表示第 3 行第 2 列的单元格，此时是对 R1C1 的单元格进行"表格单元连接"，选中"连接到指定表达式"，单击 ? 按钮，在变量表中选择"分拣黑料数目"，最后单击"确认"按钮。同样的方法，对 R1C2 的单元格进行连接变量，在变量表中选择"分拣白料数目"。对 R1C3 进行变量连接，要选中"对指定单元格进行计算"，选择"求和"，开始位置为 1 行 1 列，结束位置为 1 行 2 列，如图 6-37 所示。

图 6-37　历史表格属性连接内容设置

至此报表组态完毕。

7. 曲线的组态

本单元通过实时曲线监控变频器运行的频率，这样就可直观地反映出运行频率的变化趋势。

① 单击"工具箱"中的"实时曲线"按钮，光标呈"十字"形，在窗口顶端中心位置拖动光标，根据需要画出一个一定大小的网格，如图 6-38 所示。

图 6-38　实时曲线图

② 选中网格，双击该网格，弹出"实时曲线构件属性设置"对话框，如图 6-39 所示。

图 6-39 "实时曲线构件属性设置"对话框

③ 其他属性，根据自己的喜好自行进行设置。本单元要在"画笔属性"选项卡连接变量和选择曲线的颜色，单击"确认"按钮，如图 6-40 所示。

图 6-40 设置画笔属性

6.4 联机设备调试运行

① 根据控制要求，编写 PLC 控制程序并进行调试。将西门子 S7-200 PLC 上的开关拨至 RUN，按下"启动按钮"按钮后，观察 PLC 输出是否正确，如果运行不正确，退出程序监控，修改 PLC 程序，上电运行直至正确，退出该环境。

② 把组态好的触摸屏项目通过专用数据线下载进触摸屏中。用 PPI 电缆把触摸屏和 S7-200 PLC 连接起来，运行程序，观察 MCGS 监控画面中各个电磁阀、传感器指示灯动作是否正确。在触摸屏上改变变频器的频率，看变频器面板上运行的频率是否和触摸屏上相一致，报表和实时曲线是否符合要求，如果不正确，查找原因并修正。

③ 退出 MCGS 运行环境，切除电源，完成调试工作。

小　结

本单元使用 MCGS 触摸屏和西门子 S7-200 PLC 组成的自动控制系统，实现了触摸屏的实时显示工作状态和对变频器模拟量控制。主要介绍了模拟量比例换算问题，变频器的简单调试，MCGS 触摸屏的画面切换，按钮、指示灯、报表和实时曲线的组态。

触摸屏是操作人员与 PLC 之间双向沟通的桥梁，触摸屏用来实现操作人员与 PLC 之间的对话和相互作用，通过触摸屏的组态使运行系统过程可视化，具有显示报警，记录归档功能。使系统运行状况实时显现给操作人员，从而能够及时对系统做出响应，确保系统安全稳定地运行。

第7章 基于 MCGS 组态软件的控制实训

实训 1　用 MCGS 组态软件实现机械手自动控制

1. 实训目的

学习用嵌入版 MCGS 组态软件实现机械手绘制系统的自动控制。

2. 设备组成

① PC 一台。

② MCGS 组态软件。

3. 工艺过程与控制要求

① 按下"启动/停止"按钮后，机械手下移 5 s 至工件处→夹紧工件 2 s→携工件上升 5 s→右移 10 s 至下一个工位上方→下移 5 s 至指定位置→放下工件 2 s→上移 5 s→左移 10 s，回到原始位置，此过程反复循环执行。

② 机械手运动过程中，松开"启动/停止"按钮，机械手停在当前位置，再次按下"启动/停止"按钮，机械手继续运行。

③ 机械手运动过程中，按下"复位"按钮后，机械手并不马上停止，也不主动复位，而是继续工作，直到完成本周期操作，回到原始位置，之后停止，不再循环。

④ 松开复位按钮，退出复位状态，之后再按"启动/停止"按钮，机械手重新开始循环操作。

4. 变量定义

根据控制要求，本系统至少有 8 个变量，如表 7-1 所示。

表 7-1　机械手监控系统变量分配表

变量名	类型	注释
水平移动量	数值型	机械手水平移动的距离
垂直移动量	数值型	机械手垂直移动的距离
放松	开关型	机械手动作控制，输出 0 有效
夹紧	开关型	机械手动作控制，输出 0 有效
下移	开关型	机械手动作控制，输出 0 有效
上移	开关型	机械手动作控制，输出 0 有效

续表

变 量 名	类 型	注 释
左移	开关型	机械手动作控制，输出 0 有效
右移	开关型	机械手动作控制，输出 0 有效
启动	开关型	机械手系统启动运行
复位	开关型	机械手系统复位

5. 画面设计与制作

参考的监控画面设计如图 7-1 所示，画面中画出了机械手的简单示意图，并设计了 6 个指示灯，分别代表机械手的上、下、左、右、夹紧、放松等动作。运行时，指示灯应随动作变化做相应指示。画面中还设计了 2 个状态指示灯，代表"启动/停止"按钮和"复位"按钮的状态。当按下机械手上的"启动/停止"和"复位"按钮时，它们将进行相应的指示。

图 7-1 机械手控制系统画面

6. 动画连接与调试

（1）按钮的开停及指示灯的变化的动画效果

① 按钮的动画连接。双击"启动/停止"按钮，弹出"属性设置"对话框，单击"操作属性"选项卡，选中"数据对象值操作"复选框，单击右侧的下拉按钮，选择"取反"，单击右侧的"?"按钮，弹出当前用户定义的所有数据对象列表，双击"启动/停止"。用同样的方法建立"复位"按钮与对应变量之间的动画连接。单击"保存"按钮。

② 指示灯的动画连接。双击启动指示灯，弹出"单元属性设置"对话框。单击"动画连接"选项卡，单击"三维圆球"，出现"?"和">"按钮。单击">"按钮，弹出"动画组态属性设置"对话框。选择"属性设置"选项卡。单击"可见度"选项卡，在"表达式"一栏，单击"?"按钮，

弹出当前用户定义的所有数据对象列表，双击"启动/停止"，在"当表达式非零时"一栏选择"对应图符可见"。

（2）机械手的动画效果

① 垂直移动动画连接。在机械手监控画面中选中并双击机械手下面的第一个工件，弹出"属性设置"对话框。在"位置动画连接"栏中选中"垂直移动"。单击"垂直移动"选项卡，在"表达式"栏填入"垂直移动量"。在"垂直移动连接"栏填入各项参数：当垂直移动量=0 时，最小移动偏移量=0；当垂直移动量=25 时，最大移动偏移量=90，如图 7-2 所示。

图 7-2　垂直移动动画连接

② 垂直缩放动画连接。选中并双击下滑杆，弹出"属性设置"对话框，单击"大小变化"选项卡。变化方向选择向下，变化方式为缩放。输入参数的意义：当垂直移动量=0 时，最小变化百分比=100；当垂直移动量=25 时，最大变化百分比=210，如图 7-3 所示。

③ 水平移动动画连接。对右滑杆、机械手、机械手下面的第一个工件分别进行水平移动动画连接。输入参数的意义：当水平移动量=0 时，最小移动偏移量=0；当水平移动量=50 时，最大移动偏移量为 240，如图 7-4 所示。

④ 水平缩放动画连接。估计或画线计算左滑杆水平缩放比例，假设为 300。填入各个参数，并注意变化方向和变化方式选择。当水平移动量=0 时，最小变化百分比为 100；当水平移动量=50 时，最大变化百分比=350，如图 7-5 所示。

⑤ 工件移动动画的实现。选中机械手下面的第二个工件，在"动画组态属性设置"选项卡中选择进入"可见度"选项卡，在表达式一栏填入"工件夹紧标志"；"当表达式非零时"选择"对应图符不可见"，如图 7-6 所示。选中并双击机械手下面的第一个工件，将其可见度属性设置为与机械

手下面的第二个工件相反，即当工件夹紧标志非零时，对应图符可见。

图 7-3 垂直缩放动画连接

图 7-4 水平移动动画连接

图 7-5　水平缩放动画连接

动画组态属性设置

属性设置　可见度

表达式

工件夹紧标志　？

当表达式非零时

○ 对应图符可见　　　◉ 对应图符不可见

检查(K)　确认(Y)　取消(C)　帮助(H)

图 7-6　设置可见度

7. 脚本程序的编写与调试

利用定时器和脚本程序实现机械手的定时控制，参考程序清单如下：

```
IF 下移=0  THEN 垂直移动量=垂直移动量+1
IF 上移=0  THEN 垂直移动量=垂直移动量-1
IF 右移=0  THEN 水平移动量=水平移动量+1
IF 左移=0  THEN 水平移动量=水平移动量-1
IF 启动=1  AND  复位=0 THEN
定时器复位=0
定时器启动=1
ENDIF
IF  启动=0  THEN 定时器启动=0
IF  复位=1  and  计时时间>44    THEN
定时器启动=0
ENDIF
IF 定时器启动=1 THEN
IF 计时时间<5  THEN
下移=0
EXIT
ENDIF
IF 计时时间<=7 THEN
夹紧=0
下移=1
EXIT
ENDIF
IF 计时时间<=12 THEN
上移=0
工件夹紧标志=1
EXIT
ENDIF
IF 计时时间<=22 THEN
右移=0
上移=1
EXIT
ENDIF
IF 计时时间<=27 THEN
下移=0
右移=1
EXIT
ENDIF
IF 计时时间<=29 THEN
放松=0
下移=1
EXIT
ENDIF
IF 计时时间<=34 THEN
上移=0
放松=1
工件夹紧标志=0
EXIT
ENDIF
```

```
IF 计时时间<=44 THEN
左移=0
上移=1
EXIT
ENDIF
IF 计时时间>44  THEN
左移=1
定时器复位=1
垂直移动量=0
水平移动量=0
EXIT
ENDIF
ENDIF
IF 定时器启动=0
THEN
下移=1
上移=1
左移=1
右移=1
ENDIF
```

观察参考程序的不足，结合对象的实际情况，写出更好的属于自己的控制程序。

实训 2　用 MCGS 组态软件实现水位控制

1. 实训目的

学习用嵌入版 MCGS 组态软件实现储液罐水位监控系统的控制。

2. 设备组成

① PC 一台。

② MCGS 组态软件。

3. 工艺过程与控制要求

① 水位监测：能够实时检测罐 1、罐 2 中水位，并在计算机中进行动态显示。

② 水位控制：将罐 1 水位 H1 控制在 1～10 m，罐 2 水位 H2 控制在 1～6 m。

③ 水位报警：当水位超出以上控制范围时报警。

④ 当 H2 低于 0.5 m 时采取必要的保护措施。

⑤ 报表输出：生成水位参数的实时报表和历史报表，供显示和打印。

⑥ 曲线显示：生成水位参数的实时趋势曲线和历史趋势曲线。

4. 变量定义

根据控制要求，本系统至少有 5 个变量，如表 7-2 所示。

表 7-2　水位监控系统变量分配表

变 量 名	类 型	初 值	注 　 释
液位 1	数值型	0	水罐 1 液位
液位 2	数值型	0	水罐 2 液位
水泵	开关型	0	输出信号，为 1 时接通
调节阀	开关型	0	输出信号，为 1 时接通
出水阀	开关型	0	输出信号，为 1 时接通

5. 画面设计与制作

参考的水位监控系统画面设计如图 7-7 所示。

图 7-7　水位监控系统画面

6. 动画连接与调试

① 储液罐液面的动画效果：采用大小变化实现。罐 1 与变量液位 1 之间的动画连接，注意设置参数，表达式设为"液位 1"；最大变化百分比为 100 时，对应表达式的值为 10，如图 7-8 所示。罐 2 与变量液位 2 之间的动画连接，注意设置参数，表达式设为"液位 2"；最大变化百分比为 100 时，对应表达式的值为 6。

② 水泵、阀门的通断效果：双击水泵，弹出"单元属性设置"对话框。单击"数据对象"选

项卡，将"按钮输入"和"填充颜色"分别连接到数据对象"水泵"，如图 7-9 所示。阀门与之类似。

视频

罐 1 动画连接

图 7-8　液位大小变化连接

③ 流动块的流动效果：双击水泵和罐 1 之间的流动块，弹出属性设置对话框，在"流动属性"选项卡，表达式连接到数据对象"水泵"，如图 7-10 所示。不要做可见度连接。图 7-7 中罐 1 和罐 2 之间的流动块以及双击罐 2 和出水阀之间的流动块设置类似，区别在于表达式分别为"调节阀"和"出水阀"。图 7-10 所示为"流动块构件属性设置"对话框。

图 7-9　水泵动画连接

图 7-10　流动块动画连接

7. 脚本程序的编写与调试

① 进入运行策略窗口。

② 右击循环策略，进行属性设置，设置循环策略执行时间是 600 ms。

③ 双击循环策略，进行循环策略组态。

④ 单击新增策略行按钮，增加一条策略。

⑤ 在策略工具箱选择脚本程序，添加到策略行。

⑥ 双击脚本程序，写入如下液位模拟程序：

```
IF  水泵=1 THEN  H1=H1+0.1
IF   罐2进水阀=1   THEN
H1=H1-0.05
H2=H2+0.07
ENDIF
IF   罐2出水阀=1 THEN H2=H2-0.03
IF 液位1<9 THEN
水泵=1
ELSE
  水泵=0
ENDIF
IF 液位2<1 THEN
  出水阀=0
ELSE
  出水阀=1
ENDIF
IF 液位1>1 and  液位2<5 THEN
  调节阀=1
ELSE
  调节阀=0
ENDIF
```

进入运行环境（见图7-11），在画面中操作水泵、调节阀和出水阀，观察水位随操作变化的效果。观察参考程序的不足，结合对象的实际情况，写出更好的属于自己的控制程序。

视频

水位控制系统调试

图 7-11　运行环境界面

实训 3 用 MCGS 组态软件实现货车装卸料控制

1. 实训目的

学习用嵌入版 MCGS 组态软件实现货车装卸料监控系统的控制。

2. 设备组成

① PC 一台。

② MCGS 组态软件。

3. 工艺过程与控制要求

① 货车初始位置默认停在左边装料处。单击"启动"按钮后，先装料 3 s 后，货车向右运动，当碰到右边行程开关后，货车停下卸料，3 s 后卸料结束，货车向左运动，当碰到左行程开关后，货车停下继续装料，如此循环 3 次后自动停止。

② 单击"复位"按钮后，货车回到初始位置。

4. 变量定义

根据控制要求，本系统所需要的变量如表 7-3 所示。

表 7-3 货车装卸料控制系统变量分配表

变 量 名	类 型	初 值	注 释
启动	开关型	0	启动=1 时运行，启动=0 时停止
复位	开关型	0	复位=1 时复位
a	数值型	0	装料时间
b	数值型	0	卸料时间
装料	开关型	0	装料=1 时装料，装料=0 时停止装料
卸料	开关型	0	卸料=1 时卸料，卸料=0 时停止卸料
左行程开关	开关型	0	当货车在左边装料位置时，左行程开关=1
右行程开关	开关型	0	当货车在右边卸料位置时，右行程开关=1
左行	开关型	0	当左行=1 时，货车向左运动
右行	开关型	0	当右行=1 时，货车向右运动

5. 画面设计与制作

参考的货车装卸料监控系统画面设计如图 7-12 所示。

图 7-12 货车装卸料系统画面

6. 动画连接与调试

（1）行程开关变化的动画效果

以左行程开关为例，双击左行程开关，弹出"标签动画组态属性设置"对话框。在"输入输出连接"一栏中选中"按钮动作"，并在"特殊动画连接"一栏中选中"闪烁效果"，如图 7-13 所示。

图 7-13 行程开关动画组态设置

单击"按钮动作"选项卡，进入该页，选中"数据对象值操作"复选框，并填入"取反""左行程开关"。单击"闪烁效果"选项卡，单击表达式的浏览按钮 ⬚，选中"左行程开关"，其他为默认选项，如图 7-14 所示。右行程开关的设置与此类似。

图 7-14　行程开关动画连接

（2）货车运动的动画效果

双击货车，弹出属性设置对话框，选中"数据对象"标签中的"水平移动"，单击右端出现的浏览按钮 ？ ，双击数据对象列表中的"货车"。单击"动画连接"选项卡，在"图元名"列，选中"组合图符"，右端出现"？"和">"按钮。单击">"按钮，弹出"动画组态属性设置"对话框。在"位置动画连接"栏中选中"水平移动"。在"水平移动"选项卡，表达式选中"货车"，参数设置如图 7-15 所示。

图 7-15　货车动画连接

7. 脚本程序的编写与调试

由控制要求可知，控制过程需要用到计数器，循环 3 次后自动停止。计数器的设置如图 7-16 所示。

图 7-16 设置计数器

参考脚本程序如下：

```
!TimerSetLimit(1,3,1)
!TimerSetOutput(1,a)
!TimerSetLimit(2,3,1)
!TimerSetOutput(2,b)
ID=ID+1
if ID>3 then ID=0
IF 复位=1 THEN
货车=0
装料=0
卸料=0
货车=0
货车1=0
计数器复位=1
!TimerReset(1,0)
!TimerReset(2,0)
ENDIF
IF 启动=1 AND 左行程开关=1 AND 计数器值<3 THEN
装料=1
左行=0
右行=1
货车1=456
货车=0
!TimerRun(1)
!TimerReset(2,0)
endif
IF 启动=1 AND 左行程开关=1 AND 计数器值=3 THEN
装料=0
左行=0
右行=1
货车1=456
货车=0
```

```
ENDIF
IF A=3 AND 启动=1 AND 右行=1 THEN
装料=0
货车=货车+4
ENDIF
IF  右行程开关=1 AND 启动=1 AND 计数器值<3 THEN
货车=458
右行=0
左行=1
货车 1=0
!TimerReset(1,0)
ENDIF
IF 货车=458  AND 右行程开关=1 AND 左行=1 AND 计数器值<3 THEN
卸料=1
!TimerRun(2)
ENDIF
IF 卸料=1 AND 料位 <=料位上限   THEN 料位=料位+0.2
IF B=3 AND 启动=1  AND 计数器值<3 THEN
卸料=0
货车 1=货车 1+4
ENDIF
```

观察参考程序的不足，结合对象的实际情况，写出更好的属于自己的控制程序。

实训 4　用 MCGS 组态软件实现三层电梯控制

1. 实训目的

学习用嵌入版 MCGS 组态软件实现三层电梯监控系统的控制。

2. 设备组成

① PC 一台。
② MCGS 组态软件。

3. 工艺过程与控制要求

① 初始状态时假设电梯处于第一层待命。当乘客进入电梯按下其想去的楼层按钮后，该楼层对应的数字保持长亮，当电梯到达对应的楼层时电梯门自动打开，经过一段时间后门自动关闭。

② 由于电梯只有三层，所以当每个楼层都有乘客按按钮时电梯先按照当前的状态上升或下降，当该动作结束后再执行其相反的动作。

③ 当电梯执行完上升或下降的任务后，电梯将停留在该层，直到有新的指令后电梯再次进入运行状态。

④ 当按动某个呼叫按钮时相应的按钮保持长亮，直到该动作结束后，该按钮熄灭。

4. 变量定义

根据控制要求，本系统所需要的变量如表 7-4 所示。

表7-4 三层电梯监控系统变量分配表

变 量 名	类 型	初 值	注 释
一层内选按钮	开关型	0	一层内选按钮
一层内选指示	开关型	0	一层内选指示
一层上呼按钮	开关型	0	一层上呼按钮
一层上呼指示	开关型	0	一层上呼指示
一层门	数值型	0	一层门位置
一层门关标志	开关型	0	一层门关到位时，一层门关标志=1
一层指示	开关型	0	一层指示
二层内选按钮	开关型	0	二层内选按钮
二层内选指示	开关型	0	二层内选指示
二层上呼按钮	开关型	0	二层上呼按钮
二层上呼指示	开关型	0	二层上呼指示
二层下呼按钮	开关型	0	二层下呼按钮
二层下呼指示	开关型	0	二层下呼指示
二层门	数值型	0	二层门位置
二层指示	开关型	0	二层指示
二层门关标志	开关型	0	二层门关到位时，二层门关标志=1
三层内选按钮	开关型	0	三层内选按钮
三层内选指示	开关型	0	三层内选指示
三层下呼按钮	开关型	0	三层下呼按钮
三层下呼指示	开关型	0	三层下呼指示
三层门	数值型	0	三层门位置
三层门关标志	开关型	0	三层门关到位时，三层门关标志=1
三层指示	开关型	0	三层指示

5. 画面设计与制作

参考的三层电梯监控画面设计，如图7-17所示。

6. 动画连接与调试

（1）指示灯变化的动画效果

以一层内选指示灯为例，双击一层内选指示灯，弹出"单元属性设置"对话框。选中"数据对象"选项卡中的"可见度"，右端出现 ? 按钮，单击 ? 按钮，双击数据对象列表中的"一层内选指示"，单击"确认"按钮，如图7-18所示。其他指示灯的设置与此类似。

图 7-17 三层电梯监控画面

图 7-18 一层内选指示灯动画连接

（2）按钮的动画效果

双击"一层上呼按钮"，弹出单元属性设置窗口。选中"数据对象"选项卡中的"按钮输入"，右端出现浏览按钮 ? ，单击 ? 按钮，双击数据对象列表中的"一层上呼按钮"，单击"确认"按钮，如图 7-19 所示。其他按钮的设置与此类似。

图 7-19 "一层上呼按钮"动画连接

（3）电梯门的动画效果

双击一层电梯门，弹出"动画组态属性设置"对话框，在"位置动画连接"一栏中选中"大小变化"，如图 7-20 所示。在"大小变化"选项卡，表达式选中"一层门"，参数设置如图 7-21 所示。

图 7-20 电梯门动画组态

图 7-21　一层电梯门动画连接

7. 脚本程序的编写与调试

参考脚本程序如下：

```
if  一层门关标志=1 and 一层指示=1 and 一层门>0 then 一层门=一层门-2
if (一层上呼指示=1 or 一层内选指示=1 or 二层内选指示=1 or 三层内选指示=1 or 二层上呼指示= 1 or 三层下呼指示=1) and 一层指示=1 and 一层门关标志=0 and 一层门<140  and move=0 then 一层门=一层门+2
if 一层门=140 then
    一层门关标志=1
    一层上呼指示=0
endif
if 一层门=0 then 一层门关标志=0
if(三层内选指示=1 or 一层内选指示=1 or 三层下呼指示=1 or 一层上呼指示=1) and 二层门关标志=1 and 二层指示=1 and 二层门>0 then 二层门=二层门-2
if 二层指示=1 and 二层门<140 and 二层门关标志=0 and move=-80 then 二层门=二层门+2
if 二层门=140 then
    二层门关标志=1
    二层下呼指示=0
    二层上呼指示=0
endif
if 二层门=0 then 二层门关标志=0
if 三层门=140 then
    三层门关标志=1
    三层下呼指示=0
endif
if 三层门=0 then 三层门关标志=0
if(二层内选指示=1 or 一层内选指示=1 or 三层下呼指示=1 or 二层下呼指示=1 or 二层上呼指示=1 or 一层上呼指示=1) and 三层门关标志=1 and 三层指示=1 and 三层门>0 then
    三层门=三层门-2
```

```
endif
if 二层内选按钮=1 and 一层指示=1 then 二层内选指示=1
if 三层内选按钮=1 and 一层指示=1 then 三层内选指示=1
if 二层下呼按钮=1 and (一层指示=1 or 二层指示=1) then 二层下呼指示=1
if 二层上呼按钮=1 and (一层指示=1 or 二层指示=1 or 三层指示=1) then 二层上呼指示=1
if 三层下呼按钮=1 and 一层指示=1 then 三层下呼指示=1
if 三层内选按钮=1 and 二层指示=1 then 三层内选指示=1
if 三层下呼按钮=1 and (二层指示=1 or 三层指示=1) then 三层下呼指示=1
if 二层内选按钮=1 and 三层指示=1 then 二层内选指示=1
if 一层内选按钮=1 and 三层指示=1 then 一层内选指示=1
if 二层下呼按钮=1 and 三层指示=1 then 二层下呼指示=1
if 一层上呼按钮=1 and 三层指示=1 then 一层上呼指示=1
if 一层内选按钮=1 and (二层指示=1 or 一层指示=1 )then 一层内选指示=1
if 一层上呼按钮=1 and (二层指示=1 or 一层指示=1) then 一层上呼指示=1
if move=0 then
    一层指示=1
    二层指示=0
    三层指示=0
endif
if move=-80 then
    二层指示=1
    一层指示=0
    三层指示=0
endif
if move=-160 then
    二层指示=0
    一层指示=0
    三层指示=1
endif
if move=0 and 一层门=140 then
    一层内选指示=0
endif
if move=-80 then
    二层内选指示=0
    二层上呼指示=0
    二层下呼指示=0
endif
if move=-160  then 三层内选指示=0
```

观察参考程序的不足，结合对象的实际情况，写出更好的属于自己的控制程序。

实训 5　用 MCGS 组态软件实现多级传送带控制

1. 实训目的

学习用嵌入版 MCGS 组态软件实现多级传送带监控系统的控制。

2. 设备组成

① PC 一台。

② MCGS 组态软件。

3. 工艺过程与控制要求

① 开关打到自动状态时，按下启动按钮，传送带1～传送带4依次顺序延时启动。按下"停止"按钮，传送带4～传送带1依次逆序延时停止。

② 开关打到手动状态时，先按下传送带1的"启动"按钮1，传送带1启动，然后依次按下传送带2、3、4的"启动"按钮，传送带2、3、4顺序启动。停止则逆序停止，先按下传送带4的"停止"按钮4，传送带4停止，然后依次按下传送带3、2、1的"停止"按钮，传送带3、2、1逆序停止。

4. 变量定义

根据控制要求，本系统所需要的变量如表7-5所示。

表7-5　多级传送带监控系统变量分配表

变 量 名	类 型	初 值	注 释
启动	开关型	0	自动状态时"启动"按钮
停止	开关型	0	自动状态时"停止"按钮
启动1	开关型	0	手动状态时传送带1启动按钮
启动2	开关型	0	手动状态时传送带2启动按钮
启动3	开关型	0	手动状态时传送带3启动按钮
启动4	开关型	0	手动状态时传送带4启动按钮
停止1	开关型	0	手动状态时传送带1停止按钮
停止2	开关型	0	手动状态时传送带2停止按钮
停止3	开关型	0	手动状态时传送带3停止按钮
停止4	开关型	0	手动状态时传送带4停止按钮
电动机1	开关型	0	驱动传送带1的电动机1
电动机2	开关型	0	驱动传送带2的电动机2
电动机3	开关型	0	驱动传送带3的电动机3
电动机4	开关型	0	驱动传送带4的电动机4
a	数值型	0	存放延时启动定时器的当前值
b	数值型	0	存放延时停止定时器的当前值

5. 画面设计与制作

多级传送带监控系统画面设计如图7-22所示。

图 7-22　多级传送带监控系统画面设计

6. 动画连接与调试

（1）控制方式选择开关的动画效果

双击控制方式选择开关，弹出"单元属性设置"对话框。选中"数据对象"选项卡中的"按钮输入"，右端出现浏览按钮 `?`，单击 `?` 按钮，双击数据对象列表中的"自动"，同样"可见度"一栏中也选中"自动"，单击"确认"按钮，如图 7-23 所示。

图 7-23　控制方式选择开关动画连接

（2）电动机的动画效果

双击电动机 1，弹出"单元属性设置"对话框。选中"数据对象"选项卡中的"填充颜色"，右端出现浏览按钮 ，单击 ? 按钮，双击数据对象列表中的"电动机 1"，同样"按钮输入"栏也选中"电动机 1"，单击"确认"按钮，如图 7-24 所示。其他电动机的设置与此类似。

图 7-24　电动机 1 动画连接

7. 脚本程序的编写与调试

参考脚本程序如下：

（1）自动方式时的脚本程序

```
!TimerSetLimit(2,10,1 )
!TimerSetOutput(2,a )
!TimerSetLimit(3,10,1 )
!TimerSetOutput(3,b )
IF 停止=1  AND 启动=0 THEN
!TimerRun(3)
!TimerReset(2,0 )
!TimerStop(2)
ENDIF
IF 启动=1 AND 停止=0 THEN
电动机 1=1
!TimerRun(2)
!TimerReset(3,0 )
!TimerStop(3)
ENDIF
IF a >=3  THEN 电动机 2=1
IF a >=6  THEN 电动机 3=1
IF a >=9  THEN 电动机 4=1
IF b >=1  THEN 电动机 4=0
```

```
IF b>=3   THEN 电动机3=0
IF b>=6   THEN 电动机2=0
IF b>=9   THEN
电动机1=0
!TimerReset(3,0 )
!TimerStop(3)
ENDIF
```

（2）手动方式时的脚本程序

```
IF 启动1=1 THEN 电动机1=1
IF 电动机1=1  AND 启动2=1 THEN 电动机2=1
IF 电动机2=1  AND 启动3=1 THEN 电动机3=1
IF 电动机3=1  AND 启动4=1 THEN 电动机4=1
IF 停止4=1 THEN 电动机4=0
IF 电动机4=0  AND 停止3=1 THEN 电动机3=0
IF 电动机3=0  AND 停止2=1 THEN 电动机2=0
IF 电动机2=0  AND 停止1=1 THEN 电动机1=0
```

观察参考程序的不足，结合对象的实际情况，写出更好的属于自己的控制程序。

实训6　用MCGS组态软件实现小球运动轨迹

1. 实训目的

学习用嵌入版 MCGS 组态软件实现小球运动轨迹的控制。

2. 设备组成

① PC 一台。

② MCGS 组态软件。

3. 工艺过程与控制要求

单击相应的按钮，小球分别实现三角形、长方形和圆形的运动轨迹。

4. 变量定义

根据控制要求，本系统所需要的变量如表 7-6 所示。

表7-6　小球运动轨迹监控系统变量分配表

变 量 名	类 型	初 值	注 释
S	数值型	0	圆周运动的角度变量
z	数值型	0	圆周运动的水平移动量
y	数值型	0	圆周运动的垂直移动量
垂直移动	数值型	0	长方形运动轨迹时的小球垂直移动量
水平移动	数值型	0	长方形运动轨迹时的小球水平移动量
水平移动1	数值型	0	三角形运动轨迹时的小球1水平移动量
水平移动2	数值型	0	三角形运动轨迹时的小球2水平移动量
水平移动3	数值型	0	三角形运动轨迹时的小球3水平移动量

变 量 名	类 型	初 值	注 释
可见度 1	数值型	0	三角形运动轨迹时的小球 1 可见度
可见度 2	数值型	0	三角形运动轨迹时的小球 2 可见度
可见度 3	数值型	0	三角形运动轨迹时的小球 3 可见度

5. 画面设计与制作

参考的小球运动轨迹监控系统主画面设计如图 7-25 所示。长方形、圆形和三角形运动画面分别如图 7-26～图 7-28 所示。

视频

小球运动轨迹
主窗口

图 7-25　小球运动轨迹监控系统主画面设计

视频

长方形运动
窗口画面

图 7-26　小球运动轨迹监控系统长方形运动画面

视频

圆形运动窗口画面

图 7-27　小球运动轨迹监控系统圆形运动画面

视频

三角形运动窗口
画面

图 7-28　小球运动轨迹监控系统三角形运动画面

6. 动画连接与调试

（1）长方形运动窗口小球的动画效果

双击长方形运动窗口的小球，弹出"动画组态属性设置"对话框。选中"属性设置"选项卡中的"水平移动"和"垂直移动"，单击"水平移动"选项卡中表达式右端的浏览按钮![?]，双击数据对象列表中的"水平移动"，单击"确认"按钮。水平移动连接的最大移动偏移量设置参考画面中长方形的水平距离，如图 7-29 所示。同样，"垂直移动"选项卡的设置如图 7-30 所示。

图 7-29　长方形运动窗口小球水平移动动画连接

图 7-30　长方形运动窗口小球垂直移动动画连接

（2）标准按钮的动画效果

双击长方形运动窗口的标准按钮，弹出"标准按钮构件属性设置"对话框。在"基本属性"选项卡的文本中填入"圆周运动"。在"操作属性"选项卡中选中"打开用户窗口"复选框，在右端的下拉列表框中选中"圆周运动"，如图7-31所示，三角形运动按钮的设置与此类似。

图 7-31　长方形运动窗口圆周运动按钮动画连接

7. 脚本程序的编写与调试

参考脚本程序如下：

① 长方形运动窗口的脚本程序。

```
IF 水平移动<350  AND 垂直移动=0 THEN
    水平移动=水平移动+5
ENDIF
IF 水平移动=350 AND 垂直移动<150 THEN
    垂直移动=垂直移动+2
ENDIF
IF 水平移动>0 AND 垂直移动=150 THEN
    水平移动=水平移动-5
ENDIF
IF 水平移动=0 AND 垂直移动>0  THEN
    垂直移动=垂直移动-2
ENDIF
```

② 圆周运动窗口的脚本程序。

```
IF S<6.1 THEN
S=S+0.1
ELSE
S=0
ENDIF
```

视频

长方形运动窗口
脚本程序

```
Y=100*!SIN(S)
Z=100*!COS(S)
```

③ 三角形运动窗口的脚本程序。

```
IF 可见度1=1 AND 水平移动1<300 THEN
   水平移动1=水平移动1+1
ELSE
   水平移动1=0
ENDIF
IF 水平移动1=300 THEN
可见度1=0
可见度2=1
可见度3=0
ENDIF
IF 可见度2=1 AND 水平移动2<300 THEN
   水平移动2=水平移动2+1
ELSE
   水平移动2=0
ENDIF
IF 水平移动2=300 THEN
可见度1=0
可见度2=0
可见度3=1
ENDIF
IF 可见度3=1 AND 水平移动3<300 THEN
   水平移动3=水平移动3+1
ELSE
   水平移动3=0
ENDIF
IF 水平移动3=300 THEN
可见度1=1
可见度2=0
可见度3=0
ENDIF
```

观察参考程序的不足，结合对象的实际情况，写出更好的属于自己的控制程序。

视频

三角形运动窗口
脚本程序

视频

小球运动轨迹调试

实训 7　用 MCGS 组态软件实现电水壶加热

1. 实训目的

学习用嵌入版 MCGS 组态软件实现电水壶加热系统的控制。

2. 设备组成

① PC 一台。

② MCGS 组态软件。

3. 工艺过程与控制要求

① 完成一个电水壶加热系统项目工程的动画组态设计。

② 电水壶烧水工程表格、曲线、报警，格式文本构件组态的实现。

4. 变量定义

根据控制要求，本系统所需要的变量如表 7-7 所示。

表 7-7　电水壶烧水控制系统变量分配表

变 量 名	类 型	初 值	注 释
温度	数值型	0	电水壶水的温度
温度 1	组对象		组对象，历史曲线存盘数据
温度 2	数值型	0	组对象用

5. 画面设计与制作

电水壶加热控制系统用户窗口画面设计如图 7-32、图 7-33 所示。

视频

电水壶动画连接

图 7-32　电水壶加热控制系统主窗口画面

图 7-33　电水壶加热控制系统子窗口画面

6. 动画连接与调试

（1）电水壶的动画效果

双击主窗口的电水壶，弹出"标签动画组态属性设置"对话框，选中"属性设置"选项卡中的

"大小变化",如图 7-34 所示。单击"大小变化"选项卡中表达式右端的浏览按钮 ?,双击数据对象列表中的"水温度",单击"确认"按钮。电水壶动画连接设置如图 7-35 所示。

图 7-34　电水壶大小变化添加

图 7-35　电水壶动画连接设置

(2)标准按钮的动画效果

双击主画面窗口的标准按钮,弹出"标准按钮构件属性设置"对话框。在"基本属性"选项卡中的文本框中填入"作者",如图 7-36 所示。在"脚本程序"选项卡中输入脚本程序,如图 7-37 所示。

图 7-36　标准按钮动画连接（一）

图 7-37　标准按钮动画连接（二）

视频

电水壶按钮
动画连接

7. 模拟设备连接与调试

在设备窗口中，单击"设备工具箱"，弹出"设备管理"窗口，双击"通用设备→模拟数据设备→模拟设备"，如图 7-37 所示。单击"确认"按钮，在设备窗口出现设备 0-模拟设备，双击"设备 0-模拟设备"，在内部属性中选择通道 0 曲线类型为"正弦"，最大值为 120，最小值为 0，通道 0 连接变量为"温度"，如图 7-38 所示。

图 7-38　添加模拟设备

图 7-39　模拟设备设置

观察程序的运行结果，结合对象的实际情况，对控制程序进一步优化。

视频

电水壶运行环境

参 考 文 献

[1] 吕景泉. 自动生产线安装与调试[M]. 2版. 北京：中国铁道出版社，2009.

[2] 袁秀英. 石梅香. 计算机监控系统的设计与调试：组态控制技[M]. 2版. 北京：电子工业出版社，2010.

[3] 李红萍. 工控组态技术及应用[M]. 西安：西安电子科技大学出版社，2011.

[4] 张文明. 嵌入式组态控制技术[M]. 2版. 北京：中国铁道出版社，2014.